알수록 쓸모 있는 아인슈타인의

상대성이론

알수록 쓸모 있는 아인슈타인의

상대성이론

© 사카이 쿠니요시, 2020

초판 1쇄 인쇄일 2020년 12월 15일

초판 1쇄 발행일 2020년 12월 24일

지은이 사카이 쿠니요시

옮긴이 강현정   감수 곽영직

펴낸이 김지영   펴낸곳 지브레인 Gbrain

편집 김현주

마케팅 조명구   제작·관리 김동영

출판등록 2001년 7월 3일 제2005-000022호

주소 04021 서울시 마포구 월드컵로7길 88 2층

전화 (02)2648-7224   팩스 (02)2654-7696

ISBN 978-89-5979-655-7(03420)

- 책값은 뒤표지에 있습니다.
- 잘못된 책은 교환해 드립니다.

알수록 쓸모 있는 아인슈타인의

상대성이론

사카이 쿠니요시 지음 | 강현정 옮김 | 곽영직 감수

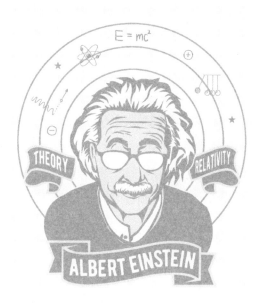

지브레인

　문제집이나 퍼즐 책에서 아무리 애를 써도 풀리지 않았던 문제가 힌트를 본 것만으로 풀릴 때가 있다. 효율적인 학습법을 원하는 사람이라면 그것으로 만족할 것이고, 더 어려운 문제는 인터넷 검색이나 질문 사이트를 통해 해결하려고 할지도 모른다 그렇게 하면 '혼자 힘으로는 풀 수 없다'라는 사실을 외면할 수 있을 테니 자존심도 다치지 않고 해결된다. 그리고 언젠가는 정말 문제를 해결하는 능력을 익히게 될 것이라며 일단 뒤로 미루는 것이다.

　하지만 뇌의 감수성이 풍부한 십대에 '스스로 생각하는 것을 포기하는' 습관을 들인다면 과연 어떻게 될까? 게다가 그런 상태를 깨닫지 못하고 대학이나 대학원에 진학했다면…? 상상만으로도 무서운 일이다.

　스스로 생각한다는 것은 주입식으로 지식을 받아들이는 것이 아니라 이해하는 과정을 통해 지식을 받아들이는 것을 말한다. 지식 세계를 달려 나가는 것만으로 '아는 척' 하는 상황은 더 이상 만들지 않도록 하자. 그러기 위해서 과학자들이 미지의 문제를 어떤 식으로 해결해왔는지 안다면 도움이 될 것이다. 발견에 이르기까지 그들이 겪었던 고뇌나 갈등을 나의 양식으로 받아들이는 것이다. 그렇게 티끌 한 점 없는 눈으로 세계를 직시하고 진리 앞에 철저하게 겸손해져야 한다.

　그래서 이 책에서는 '왜 그렇게 생각하는가?' '왜 그렇게 귀찮아 보이는 일을 하는가?'라는 문제에 대해서 가능한 자세히 답하려고 노력했다. 또 독자들이 고등학교에서 이과공부를 했다고 가정하지 않고, 처음부터 과학의 기초를 배워가며 하나씩 학습해온 것을 확장하듯이, 소풍을 하듯이 독자 여러분에게 설명했다.

이 책은《과학이라는 발상-아인슈타인의 우주》의 자매편이다. 기본적인 설명은 양쪽 다 조금씩 중복되는 부분이 있지만 서로 보완이 되도록 쓰였다. 각 강의 제목에서 앞에 세 글자로 된 단어가 강의의 핵심 내용을 나타내고 서브타이틀은《과학이라는 발상-아인슈타인의 우주》의 관련 내용을 나타낸다.

원래의 원고는 일련의 강의록으로 집필되었는데, 페이지 관계상 전체의 약 절반을 따로 독립시킨 것이 이 책이다.《과학이라는 발상-아인슈타인의 우주》의 제1강에서 제8강까지는 사고가 숙성하는 과정이나 역사적인 배경을 정리했으니 병행해서 읽어보는 것도 좋을 듯하다. 제9강에서 제11강까지는 반으로 나누지 않았기 때문에 풀사이즈 분량이 되어 상대론, 소립자론, 분자운동론에 대해서 최신의 식견을 주고받으며 설명한다. 그리고 최종강이 온다. 이 책의 특징은 난해하게 느껴지는 상대론 등을 본격적으로 다루고 있다는 점이다.

전문서는 수식을 사용하는 데 제한이 없기 때문에 일반 독자, 특히 고교생 이하에게는 문턱이 너무 높다. 반면 일반서는 가능한 수식을 생략하는 것이 관례이다. 하지만 수식을 완전히 없애면 수박 겉핥기의 느낌을 부정할 수 없다. 수식은 과학 세계를 설명하는 데 반드시 필요한 '언어'이기 때문에 수식을 접하는 것은 진정한 과학에 다가가는 첫걸음이라고 할 수 있다.

이 책은 중학수학 수준의 독자에 맞춰 수식을 사용했다. 미분이나 적분 기호는 사용하지 않지만 극한이나 평균변화율의 사고는 도입했다.

속도나 궤도의 접선과 같은 물리적인 사고방식은 미분법 도입 그 자체이고, 일이나 퍼텐셜은 적분법의 도입이다. 이 책에서는 굳이 미분적분 공식을 사용하지 않고 다소 촌스러워도 수식에 담긴 사고방식을 꼼꼼하게 나타내는 것을 우선으로 했다. 또 행렬은 초급까지 포함했는데, 기초 부분을 자세히 해설했다. ☆을 붙인 부분은 종이와 펜을 이용해 열심히 생각하기를 바라는 마음으로 독자에게 남긴 과제이다.

고교수학으로 이 책의 '범위'를 규정하면 오히려 '그 이외는 공부하지 않아도 된다'는 오해를 불러일으킬 수도 있다. 그 밖에도 수학이나 물리는 공식을 암기하는 공부라든지, 물리는 수학의 응용이라는 오해가 있지만 이런 것은 일단 전부 잊고, 생각하는 즐거움을 되찾았으면 한다. 학문이나 지적 호기심에 '범위'는 없으니 말이다.

주요 수식은 ①②③으로 표시했는데, 각 강마다 다시 ①부터 시작한다. 단순히 '식 ①'이라고 한 것은 같은 강에 나오는 식을 가리킨다. 수식에 알레르기 반응을 일으키는 독자가 적지 않을 것이다. 하지만 그 수식들은 과학여행에서 멋진 지적체험이 될 것이다. 더구나 사용되는 수학은 고교수학의 전반적인 항목에 걸쳐 있어 어느 것 하나 쓸데없는 것이 없다. 어쨌든 머리를 사용하는 것을 싫어하지 말고 본질을 이해한 사람에게만 보이는 맑은 경치에 도달했으면 하는 바람이다.

이 책은 색인을 충실히 했다. 색인에 실린 용어나 인명(본문에서도 원칙적으로 경어는 생략했다)은 처음 나올 때나 특히 설명을 덧붙인 곳에 굵게 표시했다. 읽는 동안 용어에 의문이 느껴진다면 색인을 이용해 앞부분으로 돌아가면 된다. 또 색인을 이용해서 하나의 용어를 순서대로 따라가다 보면 서서히 이해가 깊어질 것이다. 그 색인을 활용하다 보면 본문에 펼쳐진 복선들이 명확해질 것이다.

도해들은 전작이나 그 밖의 문헌에서 인용한 것도 있지만 대부분 이 책을 위해서 오츠카 사오리 씨가 그려준 것이다. 정수가 담긴 일러스트에 감사의 말을 전한다.

이 책에 관련된 첫 번째 준비 작업은, 동경대학교 교양학부 1, 2학년을 대상으로 강연한 문과와 이과 공통 선택 종합과목 '과학이라는 사고방식'(2009~2011년도)이었다. 이과 힉생들을 위한 필수 강의였던 '역학'(2006~2014년도)의 내용을 발전시킨 것으로, 테마와 내용은 자유롭게 선택했다. 준비 제2단계는 아사히컬쳐센터 신주쿠교실의 '과학이라는 사고방식'(2014년 7~9월기, 10~12월기) 강좌였다. 문과 이과에 상관없이 일반인을 대상으로 했던 이 강좌는 19세부터 80세까지 폭넓은 참가자들과 많은 질문과 의견을 주고받을 수 있었다. 그 수강자 중 한 사람인 도쿄대학 교양학부 3학년 요시다 히토미 씨가 제일 먼저 초고를 훑어보고 이해하기 어려운 곳들을 지적해 주었다. 또 전 도쿄대학 교양학부 부속중등교육학교 부교장(물리) 무라이시 유키마사 선생님은 물리교육의 세태에 입각해 원고의 세부적인 내용까지 코멘트해주셨다. 이 자리를 빌려 깊은 감사의 말씀을 드린다.

필자는 이해하기 쉽게 설명하기 위해 원고를 만지는 동안 자연의 심오함을 엿본 듯한 기분을 몇 번이나 느꼈다. 그 기억을 독자와 공유할 수 있다면 더 이상 바랄 것이 없다.

마지막으로 이 책의의 편집을 담당한 키시 준세이 씨(도쿄대학출판 편집부), 그리고 책의 제작 스탭 여러분께 진심으로 감사의 말씀을 전하고 싶다.

2016년 1월 도쿄 요요기에서

머리말 4

contents

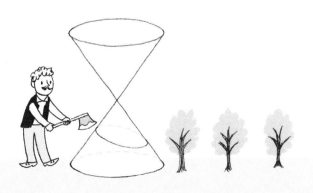

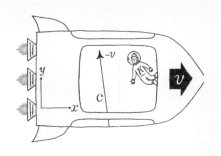

수학미란

과학적 사고에
대해서

과학적 사고의 기초는 수학이다. 수학은 모든 학문 중에서 인간의 오감과 가장 동떨어져 있을 뿐만 아니라 도형이나 그래프처럼 눈에 '보이도록' 하는 데에도 한계가 있다. 하지만 수학의 심오함을 접하는 순간 흔들림 없는 사고의 기반이 다져지는 것을 깨닫게 될 것이다.

　수학의 역할이 엄밀한 정의나 이론에만 있는 것은 아니다. 쉽게 정의내릴 수는 없지만 존재한다고 할 수밖에 없는 '수학의 아름다움'이 수학 자체의 근저에 자리잡고 있다.

　수학의 아름다움을 예로 들기 위해 행성의 공전궤도(제3강과 제4강)에 나타나는 '원뿔곡선'을 먼저 소개하고, 언어나 수학의 기초인 '재귀성'에 대하여 피보나치 수열로 설명할 것이다. 또 아인슈타인의 발상을 뒷받침하는 수학적 아름다움의 일례로 피타고라스의 정리에 관한 증명법을 살펴볼 것이다.

수학미라는 감각

'수학의 아름다움'의 기본적인 요소로 '단순성·대칭성·의외성'을 들 수 있는데 '대칭성'에 관해서는 제9강과 제10강에서 자세히 소개할 예정이다.

단순하고 대칭적인 도형의 대표적인 예로 들 수 있는 원이나 타원은 사실 포물선이나 쌍곡선의 동료이기도 하다. 원처럼 한 바퀴 돌아 제자리에 오는 닫힌곡선과 포물선처럼 양끝이 열린곡선이 관련이 있다니 의외라는 생각이 들 것이다. 실제로 이들 곡선은 모두 직원뿔(중심축이 밑면과 수직인 원뿔)을 잘랐을 때 절단면에 나타나는 곡선으로(그림1-1) '원뿔곡선'이라고 한다.

원뿔곡선을 최초로 발견한 사람은 그리스시대의 메나이크모스Menaechmos, 기원전 375~기원전 325년였고, 자세히 연구한 사람은 페르게의 아폴로니오스Apollonios of Perga, 기원전 250년경였다. 정밀한 논증뿐만 아니라 접선(한 곡선상의 두 점이 한없이 가까워졌을 때 두 점을 통과하는 직선)이나 점근선(어떤 곡선상의 점이 무한대에서 한없이 접근해가는 직선), 그리고 수많은 보조선을 목격한 인간은 2,500년이 넘는 시간 동안 기하학에 어떤 변화도 일어나지 않았다는 것을 깨달았다.

그런데 나중에 옳은 것으로 증명된 수학적 사실들은 처음에 어떻게 착안했을까? 떠오른 시점에서는 증명되지 않았기 때문에 반드시 '논리적인 사고'에 기초한 것은 아니었을 터이다. 하지만 인간에게는 때로 논리를 초월해 진리를 발견하는 능력이 있다. 그것은 감이

원 · 타원

포물선

쌍곡선

그림 1-1 **원뿔곡선**.

나 직관이라고도 하는 일종의 무자각 상태의 통찰력이다.

그리고 심오한 진리를 이해했을 때 눈이 번쩍 뜨인다거나 아름답다는 감각이 동반된다. 이 '미적 센스'는 수학에 있어 필수능력이라고도 할 수 있다. 여기에는 수학자 특유의 가치판단이 존재한다.

원뿔곡선과 2차식

꼭짓점을 공유하고, 상하를 반전시킨 두 개의 원뿔 중에서 한쪽만 잘라낸 단면은 원이나 타원이고, 원뿔의 측면을 그리는 선(모선이라고 한다)과 평행한 단면은 포물선이다(그림1-1). 또 두 원뿔의 양쪽을 자른 단면은 쌍곡선이다. 그리스어로 생략(부족)·비교(동등)·과장(과도)을 각각 ellipsis, parabole, hyperbole라고 하는데 이들은 원뿔곡선의 어원이기도 하다.

그런데 3차원 좌표 (x, y, z)에서 원뿔곡선을 그릴 때(z축을 원뿔의 중심축으로 한다), 그 곡선을 나타내는 식은 2차식이 된다. 즉 식에는 x^2이나 y^2 등만 나타나고 그 이상의 차수는 나타나지 않는다. 2차식이 되는 이유는 원뿔의 꼭짓점을 원점으로 해서 원뿔면(원뿔의 모선을 회전시켜 구할 수 있는 측면)을 식으로 나타내면 다음과 같은 2차식이 되기 때문이다.

$$a^2(x^2+y^2)-z^2 = 0 \quad (a > 0) \qquad \cdots ①$$

이 식 ①에 대해서는, 원뿔면을 xy평면과 평행하게 자른 단면을 $x^2+y^2=r^2$라는 반지름 r인 원으로 나타낼 때, 모선을 나타내는 직선 식이 $z = \pm ar = \pm a\sqrt{x^2+y^2}$이 되는 것으로 증명할 수 있다($x$식의 양변을 제곱해서 이항하면 된다).

모선과 평행한 평면을 $z = ay + b\,(b \neq 0)$라고 하자. 식 ①에 $y = \dfrac{1}{a}(z-b)$를 대입하면 다음과 같다.

$$a^2\left\{x^2 + \frac{1}{a^2}(z-b)^2\right\} - z^2 = 0,$$

$$a^2x^2 + (z-b)^2 - z^2 = 0,$$

$$a^2x^2 + z^2 - 2bz + b^2 - z^2 = 0,$$

$$a^2x^2 - 2bz + b^2 = 0,$$

$$2bz = a^2x^2 + b^2$$

$$\therefore z = \frac{a^2}{2b}x^2 + \frac{b}{2}$$

이 식은 xz평면에 투영시킨 포물선을 나타낸다($\therefore$은 '따라서'를 의미하는 수학기호). b가 양수라면 $z \geq \frac{b}{2} > 0$에 따라 ($\geq$는 등호 달린 부등호) $z > 0$의 범위에 있는 거꾸로 된 원뿔을 자르는 것이므로 단면상 위로 펼쳐지고 아래로 ⌣인 포물선이 나타난다. 반대로 b가 음수라면 $z < 0$의 범위에 있는 원뿔을 자르는 것이므로 위로 ⌢인 포물선이 나타난다.

이제 $z = cy + b\,(c \geq 0)$의 단면에서 식 ①이 $c < a$이면 타원($c = 0$이면 원)을, $c > a$이면 쌍곡선을 그리는 것을 확인해 보자(☆).

피보나치 수열의 의외성

가우스[Carl Friedrich Gauss, 1777-1855]는 '수학은 과학의 여왕이며 정수론은 수학의 여왕이다'라고 했다. 여기에서 정수가 보여주는 심오한 일면을 살펴보자.

1, 1, 2, 3, 5, 8, 13, 21…와 같은 정수(자연수)로 이루어진 수열을 '피보나치 수열'이라고 한다. 이 수열에서는 서로 이웃하는 두 항을 더하면 다음 항의 값이 된다. 즉 피보나치 수열의 $a_n(n \geq 1)$은 $a_1=1$, $a_2=1$이라고 할 때 다음과 같은 '점화식'으로 나타낼 수 있다.

$$a_{n+2}=a_n+a_{n+1} \qquad \cdots ②$$

그렇다면 일반항 a_n에 관해서 다른 항을 사용하지 않고 n만 포함되는 수식으로 나타내려면 어떻게 해야 할까? 상당히 어려운 문제인데 혼자 힘으로 풀 수 있을까? 하나뿐인 정답은 다음과 같다.

$$a_n = \frac{\left(\dfrac{1+\sqrt{5}}{2}\right)^n - \left(\dfrac{1-\sqrt{5}}{2}\right)^n}{\sqrt{5}} \qquad \cdots ③$$

모든 정수로 이루어진 수열의 일반항이 식③과 같이 $\sqrt{5}$라는 무리수를 사용해 나타난다는 점에 의외성이 있다. 식③은 언뜻 보기에는 복잡하다. 하지만 피보나치 수열을 깊이 알면 알수록 그 아름다운 법칙성을 이해하게 된다.

식 ③은 다음과 같은 '수학적 귀납법'을 이용하면 증명할 수 있다. 먼저 식 ③의 n에 1을 대입해서 제1항을 구해 보자.

$$a_1 = \frac{\left(\dfrac{1+\sqrt{5}}{2}\right) - \left(\dfrac{1-\sqrt{5}}{2}\right)}{\sqrt{5}}$$

$$= \frac{(1+\sqrt{5}) - (1-\sqrt{5})}{2\sqrt{5}}$$

$$= \frac{2\sqrt{5}}{2\sqrt{5}} = 1$$

제2항도 마찬가지이다.

$$a_2 = \frac{\left(\dfrac{1+\sqrt{5}}{2}\right)^2 - \left(\dfrac{1-\sqrt{5}}{2}\right)^2}{\sqrt{5}}$$

$$= \frac{(1+2\sqrt{5}+5) - (1-2\sqrt{5}+5)}{4\sqrt{5}}$$

$$= \frac{4\sqrt{5}}{4\sqrt{5}} = 1$$

그리고 a_n과 a_{n+1}을 식 ③의 형태로 나타낼 때, 둘 다 식 ②의 우변에 대입해서 계산하면 다음과 같이 좌변의 a_{n+2}를 식 ③의 형태로 나타낼 수 있다. a_1과 a_2일 때 성립하는 것을 보이고, a_n과 a_{n+1}이 옳다고 하면 a_{n+2}도 옳다는 것을 보이는 방법이 수학적 귀납법이다.

$$a_{n+2} = \frac{\left(\frac{1+\sqrt{5}}{2}\right)^{n} - \left(\frac{1-\sqrt{5}}{2}\right)^{n}}{\sqrt{5}} + \frac{\left(\frac{1+\sqrt{5}}{2}\right)^{n+1} - \left(\frac{1-\sqrt{5}}{2}\right)^{n+1}}{\sqrt{5}}$$

$$= \frac{1}{\sqrt{5}} \left[\left\{ \left(\frac{1+\sqrt{5}}{2}\right)^{n} + \left(\frac{1+\sqrt{5}}{2}\right)^{n+1} \right\} - \left\{ \left(\frac{1-\sqrt{5}}{2}\right)^{n} + \left(\frac{1-\sqrt{5}}{2}\right)^{n+1} \right\} \right]$$

$$= \frac{1}{\sqrt{5}} \left\{ \left(\frac{1+\sqrt{5}}{2}\right)^{n} \left(1 + \frac{1+\sqrt{5}}{2}\right) - \left(\frac{1-\sqrt{5}}{2}\right)^{n} \left(1 + \frac{1-\sqrt{5}}{2}\right) \right\}$$

$$= \frac{1}{\sqrt{5}} \left\{ \left(\frac{1+\sqrt{5}}{2}\right)^{n} \left(1 + \frac{2+2\sqrt{5}}{4}\right) - \left(\frac{1-\sqrt{5}}{2}\right)^{n} \left(1 + \frac{2-2\sqrt{5}}{4}\right) \right\}$$

$$= \frac{1}{\sqrt{5}} \left\{ \left(\frac{1+\sqrt{5}}{2}\right)^{n} \left(\frac{1+2\sqrt{5}+5}{4}\right) - \left(\frac{1-\sqrt{5}}{2}\right)^{n} \left(\frac{1-2\sqrt{5}+5}{4}\right) \right\}$$

$$= \frac{1}{\sqrt{5}} \left\{ \left(\frac{1+\sqrt{5}}{2}\right)^{n} \left(\frac{1+\sqrt{5}}{2}\right)^{2} - \left(\frac{1-\sqrt{5}}{2}\right)^{n} \left(\frac{1-\sqrt{5}}{2}\right)^{2} \right\}$$

$$= \frac{\left(\frac{1+\sqrt{5}}{2}\right)^{n+2} - \left(\frac{1-\sqrt{5}}{2}\right)^{n+2}}{\sqrt{5}}$$

따라서 a_3 이후의 모든 경우가 차례차례 증명되었다.

어떤 식으로 생각해야 식③을 유도할 수 있는지 고민하는 사람도 있을 것이다. 힌트는 식③의 괄호 안의 무리수가 양쪽 다 식②에 대응하는 2차방정식 $x^2 = 1 + x$의 해 x라는 데 있다. 실제로 $1 + x = x^2$인 것이 위의 증명 속에서 사용되었다.

이 두 무리수를 이용해서 피보나치 수열의 일반항이 다음 형태가 된다고 예상해 보자.

$$a_n = a\left(\frac{1+\sqrt{5}}{2}\right)^n + b\left(\frac{1-\sqrt{5}}{2}\right)^n$$

여기에서 계수 a와 b를 구해 보자. 피보나치 수열의 처음 두 항은 다음과 같이 된다. 필요한 식은 처음부터 2개가 제시되어 있었다.

$$a_1 = a\left(\frac{1+\sqrt{5}}{2}\right) + b\left(\frac{1-\sqrt{5}}{2}\right) = 1$$

$$a_2 = a\left(\frac{1+\sqrt{5}}{2}\right)^2 + b\left(\frac{1-\sqrt{5}}{2}\right)^2 = 1$$

이 두 식을 연립방정식으로 가정하면 $a = \frac{1}{\sqrt{5}}$, $b = -\frac{1}{\sqrt{5}}$라고 풀 수 있다(☆). 이것이 유일한 해이다. 여기까지 열심히 식을 따라온 독자들이라면 자연스럽게 식 ③이 뇌리에 새겨졌을 것이다. 혹여 며칠이 지나 잊어버렸다고 해도 위와 같은 사고과정으로 다시 구할 수 있을 테니 식 ③을 암기할 필요는 없다. 그리고 공식이 아닌 '사고방식'을 습득해야 예를 들어 $a_1 = 1$, $a_2 = 2$인 경우에도 응용할 수가 있다.

단 일부 공식은 외워둬야 한다. 예를 들어 $ax^2 + bx + c = 0\,(a \neq 0)$의 해의 공식 $x = \frac{-b \pm \sqrt{b^2 - 4ac}}{2a}$ 은 정확하게 기억해 두자.

피보나치 수열의 극한

피보나치 수열의 서로 이웃하는 두 항의 비(피보나치 수열비라고 한다)를 취하면 재미있는 점을 알 수 있다.

$$\frac{1}{1} = 1, \quad \frac{2}{1} = 2, \quad \frac{3}{2} = 1.5, \quad \frac{5}{3} = 1.66\cdots, \quad \frac{8}{5} = 1.6, \quad \cdots$$

이 비는 커지거나 작아지기를 반복하는데, 그림 1-2와 같이 진폭은 작아지고 일정한 값 x로 수렴해 다음과 같이 된다.

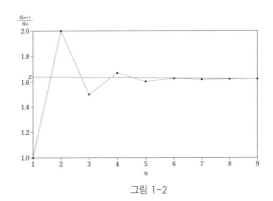

그림 1-2

$$\frac{a_{n+1}}{a_n} \to x \, (n \to \infty)$$

n이 한없이 커지는 극한은 무한을 나타내는 기호 ∞를 사용해서 $n \to \infty$라고 쓴다. 그런데 앞에서 나온 점화식 ②의 양변을 a_{n+1}로 나누면 다음 식을 얻을 수 있다.

$$\frac{a_{n+2}}{a_{n+1}} = \frac{a_n}{a_{n+1}} + 1 \qquad\qquad \cdots ④$$

식 ④의 좌변은 서로 이웃하는 두 항의 비이기 때문에 n이 한없이 커지는 극한에서 x가 된다. 우변의 제1항은 서로 이웃하는 두 항이 분모와 분자이고 좌변과는 반대가 되기 때문에 같은 극한에서 x의 역수가 된다. 그러면 식 ④의 극한은 다음과 같이 된다. 피보나치 수열비의 그래프(그림1-2)로 알 수 있듯이 x는 0이 아니다.

$$x = \frac{1}{x} + 1 \qquad \cdots ⑤$$

식 ⑤의 양변에 x를 곱하면 조금 전과 완전히 똑같은 2차방정식 $x^2 = 1 + x$를 얻을 수 있다. 피보나치 수열비의 극한값은 양수인 수였으므로 이 2차방정식 $x^2 - x - 1 = 0$의 두 해 중 양수 값의 해가 x이다.

$$x = \frac{1 + \sqrt{5}}{2} = 1.61803 \qquad \cdots ⑥$$

이 값을 '황금비'라고 하며 그리스시대 때부터 알려진 무리수이다. 가로의 길이를 x, 세로의 길이를 1로 하는 사각형은 가장 균형을 이룬 형태로 회화의 구도 등에도 사용되어 왔다.

한편 음수의 해는 양수의 해 x와 단순한 관계인 것을 실제로 $x = \frac{1 + \sqrt{5}}{2}$ 을 대입해서 확인해 보자(☆).

$$\frac{1 - \sqrt{5}}{2} = 1 - x = -\frac{1}{x} \qquad \cdots ⑦$$

이와 같이 피보나치 수열과 황금비 사이에는 떼려야 뗄 수 없는 신기한 인연이 있다.

무한연분수의 재귀성

식⑤를 사용해서 더욱 심오한 세계를 살펴보자. 먼저 식⑤의 우변 제1항과 제2항의 순서를 바꾼다. 식⑤는 x와 $1+\dfrac{1}{x}$이 동일하다는 뜻이다. 그렇다면 우변 $1+\dfrac{1}{x}$의 'x'자리에 $1+\dfrac{1}{x}$을 대입해도 될 것이다. 그렇게 하면 다음 식을 얻을 수 있다.

$$x = 1 + \cfrac{1}{1+\cfrac{1}{x}} \qquad \cdots ⑧$$

'x에 대입'하는 이 작업을 계속 반복하면 다음과 같이 된다.

$$x = 1 + \cfrac{1}{1+\cfrac{1}{1+\cfrac{1}{1+\cdots}}} \qquad \cdots ⑨$$

이렇게 무한하게 계속되는 분수를 '무한연분수'라고 한다. 식⑨에는 숫자가 1밖에 나타나지 않기 때문에 이것은 무한연분수의 가장 간단한 예이다. 그 1에 대해서 덧셈과 나눗셈을 번갈아 반복한 것뿐인데도 계산결과는 좌변의 값, 즉 무리수의 황금비와 동일해진다. 무리수는 소수점 이하에서 숫자가 불규칙하게 나열되는 수인데 규칙적인 계산을 무한히 반복했을 때 얻어지는 극한값이라는 것은 의외이다.

이렇게 무한하게 계속되는 작업을 처음 체계적으로 연구한 사람이 '근대수학의 아버지'라고 불리는 오일러였다(그림1-3).

그림1-3 **오일러.**

$\sqrt{2}$ 는 물론 $\log 2$와 같은 로그, 즉 π(그리스문자 파이, 원주율 3.14159…)나 e(네이피어수, 2.71828…)를 다음과 같이 무한연분수로 나타낼 수 있다. 또한 이 책에서 밑이 쓰여 있지 않은 로그 $\log$는 e(네이피어수)를 밑으로 하는 자연로그이다.

$$\sqrt{2} = 1 + \cfrac{1}{2 + \cfrac{1}{2 + \cfrac{1}{2 + \cdots}}} \qquad \log 2 = \cfrac{1}{1 + \cfrac{1}{1 + \cfrac{4}{1 + \cfrac{9}{1 + \cdots}}}}$$

식 ⑨와 비교해 보면 왼쪽 식에서는 + 앞의 수가 두 번째부터 2로 바뀌었다. 오른쪽 식에서는 분모에 오는 '분자'가 $1^2 = 1$, $2^2 = 4$, $3^2 = 9$…이라는 수열로 바뀌었다.

$$\frac{1}{e-1} = \cfrac{1}{1 + \cfrac{2}{2 + \cfrac{3}{3 + \cdots}}} \qquad \frac{\pi}{4} = \cfrac{1}{1 + \cfrac{1}{2 + \cfrac{9}{2 + \cfrac{25}{2 + \cdots}}}}$$

계속해서 위의 왼쪽 식에서는 식 ⑨에서 1이었던 곳이 1, 2, 3…으로 바뀌었다. 오른쪽 식에서는 + 앞의 수가 분모의 두 번째부터 2로 바뀌고, 다시 분자가 $1^2 = 1$, $3^2 = 9$, $5^2 = 25$…이라는 수열로 바

꿰었다.

이 무한연분수들은 실로 수의 마법이다. 이렇게 무한연분수로 나타낼 수 있는 π나 e, 허수단위 i(뒤에 설명), 함수 $f(x)$ 같은 중요한 수학기호를 최초로 도입한 사람도 오일러였다. 오일러는 850권이 넘는 초인적인 양의 책을 저술했는데, 전집은 지금도 미완 상태라고 한다.

무한연분수처럼 계산 결과에 다시 똑같은 작업을 반복하는 성질을 '재귀성'이라고 한다. 노암 촘스키$^{\text{Avram Noam Chomsky, 1928~}}$는 인간의 언어가 재귀성을 다루는 능력을 바탕으로 한다는 사실을 밝혀냈다. 수학적 사고 역시 깊은 의미에서는 언어능력에 기반한다는 사실이 최근 뇌 연구에서 밝혀졌다.

기하학의 아름다움

기하학에서 가장 유명한 정리를 꼽자면 '피타고라스의 정리'라고 할 수 있다. 이것은 직각삼각형에서 직각을 사이에 둔 두 변의 제곱의 합(가각의 변의 길이를 제곱하여 더한 것)이 빗변의 제곱과 같다는 내용이다.

이에 대한 다양한 증명법 중 여기에서는 아인슈타인$^{\text{Albert Einstein,}}$ $^{1879\sim1955}$이 12세 때 발견한 증명을 소개한다.

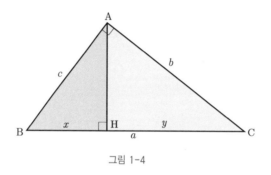

그림 1-4

직각삼각형 △ABC에서 직각인 꼭짓점 A에서 빗변으로 수선 하나를 긋고 그 수선의 발을 H라고 한다. 그러면 △ABC, △HBA, △HAC는 모두 닮은꼴 삼각형이다(☆). 각 변의 길이를 그림 1-4와 같이 했을 때 대응하는 변의 닮은꼴 비에서 다음 두 식을 얻을 수 있다.

$$x : c = c : a \qquad \cdots ⑩$$

$$y : b = b : a \qquad \cdots ⑪$$

또 다음 식이 성립한다.

$$x + y = a \qquad \cdots ⑫$$

식 ⑩에서 x를 구하고 식 ⑪에서 y를 구해서 식 ⑫에 양쪽을 대입하면 다음 식처럼 되어 정리가 증명된다.

$$\frac{c^2}{a} + \frac{b^2}{a} = a \qquad \therefore a^2 = b^2 + c^2 \qquad \cdots ⑬$$

기하 문제가 식 ⑫와 같은 대수^{代数} 문제로 귀착한다는 점에서 아인슈타인 특유의 통찰력이 엿보인다. 실로 '될성부른 나무는 떡잎부터 알아본다'라고 할 수 있다.

물리상수와 정의식

'물리상수'란 예를 들어 빛의 빠르기(광속)처럼 정해진 수치를 말하는데, 빛의 속도는 c라는 특별한 기호로 나타낸다(제5강). 가능한 식을 단순하게 하기 위해서 2π로 나눈 값이 물리상수로 쓰이기도 한다.

상수나 변수가 나타내는 의미는 '정의식'으로 정해진다. 예를 들어 허수단위 i는 다음과 같이 정의된다.

$$i \equiv \sqrt{-1} \qquad \qquad \cdots \text{⑭}$$

이 책에서는 정의식의 부호를 '$\equiv$'로 써서 일반 등식과 구별한다. 식⑭는 '허수단위 i는 -1의 제곱근으로 정의한다'라는 뜻이다. 허수단위를 포함하는 수를 복소수라고 하는데, 실험에서 직접 측정할 수 있는 수치는 아니지만 물리학의 다양한 분야에서 활약하고 있다.

$$i^2 = -1 \qquad \qquad \cdots \text{⑮}$$

식⑮는 일반 등식의 예로, '허수단위 i의 제곱은 -1과 같다'라는 의미이지 정의식이 아니다. 또 중학 수학 등에서는 $1+2=3$처럼 수의 계산에서 부호 $=$가 등장하는 '등식'과 $2x=3$처럼 미지수 x가 포함되는 '방정식'이 구별된다.

정의식은 이 중 어느 것과도 달라서 좌변에 쓰인 새로운 기호를 숫자나 식으로 정의하기 위해서 사용된다. 즉 정의식은 새로운 약속을 나타내는 데 불과하기 때문에 증명이 필요 없으며 의문이 개입될 여지도 없다. 또 정의식뿐만 아니라 전제나 가정에 쓰인 식은 풀어야 하거나 증명해야 할 식과 혼동해서는 안 된다.

언젠가 정의식을 서술한 다음에 '그 식은 어떻게 성립된 건가요?'라는 질문을 중학생에게서 받은 적이 있다. 그런 오해를 없애기 위해서도 정의식은 '≡'를 사용하여 명시했으면 한다.

법칙성이란

원리와 법칙

과학에서 언급하는 '원리'는 가장 기본적이고 보편적인 명제이다. 그렇기 때문에 다른 법칙의 전제가 되며, 다른 것으로 유도되지도 않고 그 자체로 독립적이다. 반면 '법칙'은 원리나 다른 법칙과 관련된 명제이다. 단 원리에 대해서는 '어떻게 성립되는가?' 하는 의문은 젖혀두고 일단 '자연의 섭리'라고 받아들이면 되므로 원리가 법칙보다 우위라고 할 수 있다.

　자연계에서 볼 수 있는 다양한 '법칙성'은 기본적으로 두 가지 현상 관계로 파악한다. 한쪽이 변하면 다른 쪽도 변하는 관계를 '상관관계', 한쪽이 원인이 되어 다른 쪽이 결과가 될 때의 양자 관계를 '인과관계'라고 한다.

　제2강에서는 빛의 법칙성을 예로 들어 설명하려 한다. 그러고 나서 '근사법칙'이나 '극한법칙'과 같은 법칙성을 파악하는 방법을 살펴볼 것이다.

선형관계

두 수치(x와 y) 사이에 비례관계가 성립하면, 그 관계는 1차식(예를 들어 $y=ax+b$)으로 나타낼 수 있고 그래프로 그리면 직선이 된다. 이런 경우를 특히 '선형관계'라고 하며 보통 a는 비례계수라고 한다. 선형관계는 가장 단순명쾌한 법칙의 예이다.

거듭제곱(같은 수를 여러 번 곱한 것, '멱')으로 나타내지는 상관관계는 '로그'를 취해서 그래프로 그리면 선형관계로 나타낼 수 있다.

거듭제곱의 관계에는 예를 들어 $y=x^2$과 $y=2^x$처럼 두 가지가 있다. 양쪽이 전혀 다른 함수라는 것을 주의하자. x에 0, 1, 2, 3, 4, 5, 6, 7…을 대입하면, 전자의 y는 0, 1, 4, 9, 16, 25, 36, 49…가 되고, 후자의 y는 1, 2, 3, 8, 16, 32, 64, 128…가 된다. x가 커질수록 후자쪽이 급격히 증가한다. 이 수치들을 실제로 그래프로 그려 보자(☆).

$y=x^2$과 같은 함수를 '멱함수'라고 하고, $y=2^x$와 같은 함수를 '지수함수'라고 한다. 전자의 실례는 제4강에 나올 것이며, 후자의 전형적인 예로는 쥐가 번식하듯 기하급수적으로 급속히 불어나는 것을 들 수 있는데 급격한 증가를 상상하면 된다.

양변에 로그(10을 밑으로 하는 상용로그)를 취하면 $y=x^2$은 $\log_{10} y = 2\log_{10} x$가 되고, $y=2^x$는 $\log_{10} y = (\log_{10} 2) \times x$가 된다. 그러면 전자는 가로축과 세로축의 양쪽에 상용로그를 취한 그래프를, 후자는 세로축에만 상용로그를 취한 그래프를 사용하면 선형관계를 나타낼 수 있다. 자연현상을 이런 선형관계로 파악하는 것이 과학적 사고의 첫걸음이다.

논리와 명제

참인지 거짓인지 판정할 수 있는 문장을 명제(조건문)라고 하는데, 명제를 다루는 것이 논리적 사고의 기초이기 때문에 요점을 정리하고자 한다.

명제 p와 q를 조합한 'p이면 q이다'라는 명제문에서 p는 가정이고 q는 결론이다. 예를 들어 '그 생물이 뇌를 가졌다면 그 생물은 동물이다'라는 명제는 옳으며 '참'이다.

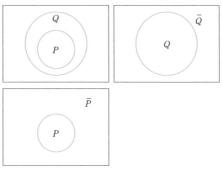

그림 2-1

이 예에서 '그 생물'이라는 요소(원명제) x에 대해서 '그 생물이 뇌를 가졌다'라는 명제를 $p(x)$로 나타내고, '그 생물은 동물이다'라는 명제를 $q(x)$로 나타낸다. 이때 $p(x)$를 참으로 하는 x의 집합을 P, $q(x)$를 참으로 하는 x의 집합을 Q라고 한다.

'p이면 q이다'가 성립할 때, 집합 P는 반드시 집합 Q에 포함된다. 즉 P의 요소는 모두 Q의 요소가 되고, P는 Q의 부분집합이다(기호로 $P \subseteq Q$로 나타낸다). 오일러가 고안한 오일러다이어그램(관용적으로 벤다이어그램이라고 한다)를 이용해 P와 Q를 원으로 표현하면 양측의 포함관계를 나타낼 수 있다(그림2-1 왼쪽 위). 반대로 P가 Q의 부분집합일 때, 'p이면 q이다'라는 명제문이 성립한다.

잘 알려져 있듯이 명제 'p이면 q이다'가 참이어도 가정과 결론을 바꿔 넣은 역명제 'q이면 p이다'가 반드시 참인 것은 아니다. 예를 들어 불가사리나 해파리처럼 동물이기는 하지만 뇌가 없는 생물이 있기 때문에 '그 생물이 동물이라면 그 생물에게는 뇌가 있다'라는 명제는 참이 아니다. 명제문은 한 방향씩 나눠서 각각 음미해야 한다.

명제 'p이면 q이다'에 대해서 'q가 아니면 p가 아니다'라고 하는 것이 '대우'이다. 어떤 명제가 참이면 그 대우도 반드시 참이 된다. 벤다이어그램을 이용하면 바로 나타낼 수 있다.

원 바깥쪽의 사각형으로 전체집합을 나타내고, Q의 요소를 모두 제거한 나머지 집합(여집합이라고 한다)을 $\overline{Q}$라고 나타낸다(그림 2-1 오른쪽 위의 그림). 마찬가지로 P의 여집합을 $\overline{P}$로 나타내면(그림 2-1의 왼쪽 아래), $\overline{Q}$은 반드시 $\overline{P}$에 포함되므로 $\overline{Q}$는 $\overline{P}$에의 부분집합이다(기호로 $\overline{Q} \subset \overline{P}$). 따라서 '$q$가 아니면 p가 아니다'가 된다. 이렇게 벤다이어그램은 논리를 눈으로 볼 수 있게 하는 매우 뛰어난 발명이다.

덧붙여 세 벤다이어그램의 대응하는 원의 크기가 다르게 보이지만, 이것은 착시이다.

p가 참이고 명제 'p이면 q이다'가 참일 때 기호로는 $p \Rightarrow q$라고 나타낸다. $p \Rightarrow q$에서는 p에 의해서 q가 충분히 보장되기 때문에 p는 q의 충분조건이라고 한다. 또 q가 아니면 p가 보장되지 않기 때문에 q는 p의 필요조건이라고 한다. 그리고 $p \Rightarrow q$ 또한 $q \Rightarrow p$일 때 p와 q는 등치(필요충분)라고 한다.

논리와 인과관계의 관계

논리를 인과관계(법칙)에 적용해 보자. $p \Rightarrow q$라는 참인 명제는 '원인 p가 존재했다면 반드시 q가 발생한다'라고 나타낼 수 있다. 인과율에서 원인(가정)은 결과(결론)보다 시간적으로 반드시 과거가 된다. 이 명제의 대우를 정확하게 쓰면 '결과 q가 발생하지 않는다면 원인 p는 존재하지 않았다'가 된다. 이것은 확실히 참이다. 시간적인 이 순서관계가 인과관계의 기본이라는 것을 확실하게 기억하자.

또 한쪽 방향의 인과관계뿐만 아니라 그 역방향도 인과관계가 되는 집합이 있다. 예를 들어 두 사람 사이의 협조 또는 경쟁에서는 한쪽 방향 인과관계의 결과가 역방향 인과관계의 원인이 될 수 있다.

다음 문장을 생각해 보자. (아이가) '야단맞으면 공부한다'라는 참인 명제의 대우인 '공부하지 않으면 야단맞지 않는다'는 참이라고는 할 수 없는 이상한 명제가 되어버린다. 하지만 원명제를 '야단맞았으면(원인), 공부하게 된다(결과)'라는 인과관계로 바르게 파악하면 문제가 해결된다. 그 대우는 '(지금)공부하지 않는 것은 (그 전에) 야단 맞지 않았기 때문이다'가 되기 때문이다. 마찬가지로 '야단맞지 않으면 공부하지 않는다'라는 명제도 음미해 보자(☆).

그런데 (착한 아이는) '야단맞지 않아도 스스로 공부한다'일지도 모른다. 즉 다른 원인 p'로 같은 결과 q가 생길 가능성이 있다면 그런 인과관계는 '약한' 것으로 간주된다. 가능성이 있는 원인이나 결과가 한정되어 있다면 각각의 경우를 비교하면 되지만, 미지의 원인이 포함됐다면 인과관계의 검증에 상당한 노력이 필요하다.

원래의 '원인 p가 존재했다면, 반드시 q가 발생한다'라는 명제에 그 역명제인 '결과 q가 발생한다면 반드시 원인 p가 존재했다'라는 것, 즉 결과 q를 발생시키는 것은 항상 원인 p뿐이었고, 다른 원인 p' 때문이 아니었다는 것을 증명할 수 있다면 '원인 p에 의해서(if), 그리고 그 원인 p에 의해서만(only if), 결과 q가 발생한다'가 되므로 원인과 결과의 '등치성'이 증명된다. 이때 영어로는 "if" 대신에 "iff"라고 표기하며 'if and only if'라고 읽는다.

파동으로서의 빛

구체적인 관계나 법칙의 예로 '파동'에 대해서 생각해 보자. 가장 기본적인 '파동'은 고등학교 물리 시간에 배우는 '사인파'이다(그림 2-2). 사인파의 파장(1주기분의 거리)을 λ(그리스문자로 람다)라고 표기하고, 진동수(단위시간당 진동 횟수)를 ν(그리스 문자로 뉴)라고 쓴다. 진동수는 주파수라고도 한다.

파동이 전달되는 속도 c는 파동이 단위시간당 진행하는 거리이다. 파장 λ인 파동이 단위시간당 ν주기분으로 진동했다고 가정하면 다음 관계식이 성립된다.

$$c = \lambda\nu \quad \cdots ①$$

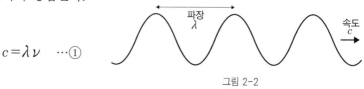

그림 2-2

눈에 보이는 빛(가시광선이라고 한다)은 파장이 약 0.4에서 0.8마이크로미터(1마이크로미터는 1미터의 백만분의 1) 범위에 있는 전자기파이다. 전자기파란 전기장과 자기장의 주기적인 변화가 사인파 형태로 전달되는 것으로, 파동의 성질을 가진 것으로 알려져 있다(제9강).

가시광선에서 파장이 가장 짧은 보라색 빛보다 파장이 더 짧은 빛이 자외선, 파장이 가장 긴 빨간색 빛보다 더 긴 빛이 적외선이다. 둘다 눈에 보이지 않지만 피부세포 등에 영향을 미친다. 실제로 자외선은 햇볕에 그을리는 원인이며 적외선은 열사병의 원인이다. 더운 여름은 태양의 혜택이어야 할 빛이 서비스 과잉이 되는 계절이다.

아인슈타인 – 드브로이 관계식

물질에 파장이 짧은 빛을 쪼이면 물질 내의 전자가 빛에너지를 흡수해서 물질 밖으로 튀어나온다. 이것이 '광전효과'이다. 아인슈타인은 빛이 입자라면 광전효과를 잘 설명할 수 있다는 것을 깨달았다. 그래서 빛의 알갱이를 '광양자(독일어로 Lichtquanta)'라고 이름지었다.

오늘날에는 빛 알갱이를 일반적으로 '광자photon'라고 한다. 빛을 알갱이라고 생각하는 것이 '광양자가설'인데, 상대성이론 등과 함께 1905년에 발표되었기 때문에 이 해를 아인슈타인의 '기적의 해'라고 한다. 당시 아인슈타인의 나이는 약관 26세였다.

광양자가설에 의해서 그때까지 파동이라고 생각되던 빛은 진동수 ν만으로 결정되는 에너지 E를 가진 '입자', 즉 광자라고 간주되기 시작했다. 또 빛의 속도는 일정하기 때문에 파장으로 에너지가 결정된다고 생각해도 된다. 아인슈타인은 광자 '1알갱이'의 에너지를 다음 식으로 나타낼 수 있다고 생각했다.

$$E = h\nu \qquad \cdots ②$$

여기에 나오는 h를 '플랑크상수'라고 하며 단위는 줄 [J]와 초 [s]의 곱이다. 줄은 에너지 단위이고, h는 '에너지×시간'이라는 단위를 가진 상수($6.6260693 \times 10^{-34}$ J·s)이다.

수식으로 나타낼 수 있다고 해서 정확성이 보장되는 것은 아니기 때문에 그 점은 일반 언어나 문장과 다를 바 없다. 식②는 처음에 '가설식'으로서 제안되었다가 그 후 다양한 실험사실에 의해 정당성이 확인되면서 법칙으로 인정받았다.

어떤 진동수 ν인 광자는 식②의 에너지보다 더 작은 에너지를 가지는 입자로는 쪼개질 수가 없다. 이러한 '최소단위'를 '양자'라고 한다. 미시의 세계에서는 빛에너지가 광자 수로 결정되어 $h\nu$, $2h\nu$, $3h\nu$, …라는 '불연속적인 값'만을 취하기 때문이다. 단 $h\nu$ 자체는 극히 작은 값이기 때문에 거시의 세계에서는 에너지가 연속적인 값을 취한다고 생각해도 된다. 이 $h\nu$를, 특히 에너지 양자라고 한다.

식②의 우변에 파동의 진동수가 있다는 사실로 알 수 있듯이 우변은 '파동성'을 나타낸다. 반면 좌변은 광자 한 알갱이가 가진 에너지이므로 '입자성'을 나타낸다. 즉 식②는 파동성에서 입자성을 도출하는 중요한 법칙이다.

아인슈타인의 광양자가설에서 힌트를 얻은 드브로이Louis de Broglie, 1892~1987는 그때까지 입자라고 여겨온 전자가 어쩌면 파동의 성질을 가졌을지도 모른다는 대담한 발상을 하게 되었다. 이것이 1923년에 발표된 '물질파가설'이다.

전자의 운동량(물체의 질량과 속도를 서로 곱한 '운동의 양')을 p라고 한다. 이 물질파가설에 의하면 전자의 파장 λ는 다음 식으로 나타난다.

$$\lambda = \frac{h}{p} \qquad \cdots ③$$

식③의 우변에 운동량이 있다는 사실로 알 수 있듯이 우변은 '입자성'을 나타낸다. 반면 좌변은 전자의 파장이므로 '파동성'을 나타낸다. 즉 식③은 입자성에서 파동식을 도출하는 중요한 법칙이다. 식②와 식③을 아울러 '아인슈타인−드브로이의 관계식(−는 복수의 사람 이름을 연결하는 기호)'이라고 하며 이는 양자론에서 매우 중요한 법칙이다.

1930년대 전반에는 전자선을 물질에 쪼이는 기술을 응용해서 광학현미경보다 훨씬 더 작은 것을 볼 수 있는 전자현미경이 개발되었다. 전자현미경에서는 가시광선이라는 전자기파 대신 전자의 파동성이 이용된다. 빛과 전자에 관한 이론이 일찌감치 실용화된 예였다.

빛의 관계식

식 ③이 전자뿐만 아니라 어떤 양자에 대해서든(전자를 포함해서) 성립한다고 가정하자. 아인슈타인−드브로이의 관계식(식 ②와 식③)에서 플랑크상수를 소거하면 광자가 가지는 에너지와 운동량 사이에 다음 관계식을 유도할 수 있다.

$$E = h\nu = p\lambda\nu \qquad\qquad \cdots ④$$

식① $c = \lambda\nu$에 의해서 식④는 다음과 같이 된다.

$$E = cp \qquad\qquad \cdots ⑤$$

식⑤는 양변 모두 광자의 입자성을 기초로 하고 있다. 광자에 관한 이 관계식은 상대성이론에서 중요한 역할을 하기 때문에(제6강), 상대성이론에서 처음 구한 관계식이라고 오해받는 일이 많은데 이미 19세기의 전자기학 분야에서 밝혀진 상태였다. 전자기학의 법칙에 의하면 전자기파의 에너지와 운동량을 구할 수 있는데, 결론적으로 얻을 수 있는 관계는 식⑤와 일치한다.

즉 식⑤는 빛의 전자기파로서의 이론, 빛의 광자로서의 양자론, 그리고 상대성이론이 혼연일체가 되어 결합된 식이다. 이 책에서는 이것을 상징해서 식⑤를 '빛의 관계식'이라고 부르기로 한다.

테일러 전개와 근사법칙

　물리량이란 물체나 입자 등의 물리적인 상태(운동량 등)나 성질(질량 등)을 나타내는 양이다. 물리량은 기본적인 '단위'를 이용하여 측정하는데 단위가 똑같다고 해서 동일한 물리량이라고 할 수는 없다.

　일반적으로 물리 법칙은 어느 정도나 엄밀한 것일까? 어떤 물리량(예를 들어 기압)이 x라는 변수(예를 들어 위치)에 의해, $f(x)$라는 함수에 따라 변화한다고 가정하자. $x=0$에서는 $f(0)=a_0$이라고 한다. x가 0에 충분히 가까울 때 x의 절댓값이 1보다 극히 작기 때문에 기호로는 $|x| \ll 1$로 나타낸다.

　x가 0에 충분히 가까워지면 $f(x)$는 a_0+a_1x이라는 직선(접선)에 가까워진다. 그런데 $|x|^2$(x의 절댓값의 제곱)은 $|x|$보다 충분히 작고, 차수(x의 멱)가 높은 $|x|^3$ 등은 더욱 작기 때문에 a_0+a_1x에 $|x|^2$ 이상의 '고차' 항을 순서대로 더하다 보면 정밀도가 더욱 높은 $f(x)$의 근사값을 구할 수 있다.

　그래서 $f(x)$는 $x=0$ 근처에서 다음과 같은 식으로 나타낼 수 있다.

$$f(x)=a_0+a_1x+a_2x^2+a_3x^3+a_4x^4+\cdots \quad \cdots ⑥$$

　a_1, a_2, a_3, a_4 등은 각 항의 계수이다. 식⑥은 무한급수에 의한 함수의 '전개'로, 테일러 전개라고 한다. 이 식에 테일러 전개라는 이름을 붙이고 무한급수에 대한 연구를 더욱 발전시킨 사람은 오일

러였다(제1강).

실험의 정밀도나 이론의 발전에 기초해서, 근사적으로 몇 차수의 항까지 사용할지, 쉽게 말하면 소수점 이하 몇 행까지의 정밀도를 구할지가 결정된다. 이것이 '근사법칙'이다. 그리고 궁극적으로 엄밀한 자연법칙을 알기 위해서는 참인 함수형 $f(x)$를 명확히 할 필요가 있다.

극한법칙으로서의 비례법칙

용수철의 늘어난 길이가 가해진 힘에 비례한다는 '훅의 법칙'은 탄성의 한계 내에서 근사적으로 성립하는 만큼 근사법칙의 예로 생각해 보자.

하중이 걸리지 않은 상태에서 용수철의 작은 변위를 x, 용수철이 받는 힘(복원력이라고 한다)을 $f(x)$라고 한다. 용수철을 누르면 튕겨 나오고 당기면 되돌아간다. 즉 변위의 방향을 역으로 하면 복원력의 방향도 반대가 된다. 여기에서 $f(x)$는 $f(-x)=-f(x)$를 충족시킬 필요가 있는데, 그래프로 만들면 원점에 대해서 점대칭이 된다.

일반적으로 $y=f(x)$의 그래프가 원점에 대해서 점대칭이 되는 함수를 기함수라고 한다. $f(x)$가 기함수이기 위해서는 $f(x)$를 식 ⑥처럼 전개했을 때 나타나는 각각의 '멱함수'가 모두 기함수여야만 한다. 즉 x의 차수는 다음 식과 같이 모두 홀수만으로 이루어진다(예를 들어 k는 비례계수이고 $k>0$, $a_3>0$).

$$f(x)=-kx-a_3x^3-\cdots \qquad\qquad \cdots ⑦$$

실제 용수철은 누를 때의 척력을 식 ⑦에서 근사할 수 있지만, 당겼을 때의 인력은 x와 함께 약해지기 때문에 기함수에서도 벗어난다. 훅의 법칙은 식 ⑦의 $f(x)$의 제1항에서만 근사한 근사법칙이다. 일반 '비례법칙(선형법칙)' 또한 근사가 허용되는 범위에서 성립한다. 특히 x가 0에 한없이 가까운 극한(기호로 $x \rightarrow 0$라고 쓴다)에서 성립하는 법칙을 '극한법칙'이라고 한다.

또 $y = f(x)$의 그래프가 y축에 대해 선대칭이 되는 함수를 우함수라고 한다. 우함수는 $f(x)$는 $f(-x) = f(x)$를 충족시킨다. $f(x)$가 우함수이기 위해서는 전개한 각각의 '멱함수'가 모두 우함수여야만 한다. 즉 x의 차수는 다음 식과 같이 0이거나 모두 짝수로만 된다.

$$f(x) = a_0 + a_2 x^2 + a_4 x^4 + \cdots \qquad \cdots ⑧$$

이처럼 테일러 전개는 근사법칙의 기초를 부여해 주는 매우 중요한 발상이다.

점 모양의 광원을 상상해 보자. 빛은 사방팔방으로 퍼질 것이다. 광원 대신 음원을 떠올려도 마찬가지이다. 어떤 시각에는 빛이 구면 상으로 퍼지고, 빛의 세기는 거리가 2배가 되면 $\frac{1}{4}$로, 3배가 되면 $\frac{1}{9}$로 감쇠한다. 이것을 '빛의 감쇠법칙'이라고 하는데 케플러(제3강)가 처음 발견했다고 한다.

이것을 정식화해 보자. 광원에서 거리 r만큼 떨어진 장소에서는 구의 면적인 $4\pi r^2$에 반비례해서 빛이 약해진다(그림 2-3). 즉 빛의 세기를 $\frac{k}{4\pi r^2}$ (k는 비례계수)의 형태로 나타낼 수 있다.

단 광원이 있는 $r=0$에 가까워지면 빛의 세기가 무한대로 커지는 문제가 생기기 때문에 이 법칙은 광원에서 거리가 일정 정도 이상 떨어져 있을 때 성립한다.

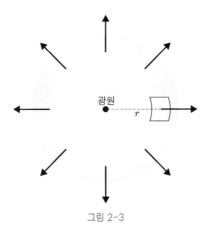

그림 2-3

빛의 감쇠법칙처럼 어떤 물리량이 거리의 제곱에 반비례하는 법칙을 일반적으로 '역제곱 법칙'이라고 한다. 역제곱 법칙에는 뉴턴의 중력의 법칙(제4강)이나 쿨롱의 법칙(제9강) 등 힘에 관한 가장 기초적인 법칙이 포함된다.

함수 $f(x)$가 있는데 극한법칙으로서 역제곱이 된다고 생각해 보자. 조금 전에 했던 x가 0에 가까워지는 극한은 중심에서의 거리 $r(r>0)$이 매우 큰 극한, 즉 무한대(무한이나 마찬가지인 ∞로 나타낸다)에 대한 극한($r \to \infty$)으로 치환할 수 있다.

그리고 식 ⑥ $f(x)=a_0+a_1 x+a_2 x^2+\cdots$에 $x=r^{-2}$를 대입해서 x에서 r로 변수 변환한 $f(r)$를 사용한다. 힘의 크기 $f(r)$은 멀리 떨어질수록 감쇠해서 무한대에서 0이 되므로 $a_0=0$이 필요하다. 그러면 $f(r)$은 다음과 같은 식으로 나타낼 수 있다.

$$f(r)=a_1 r^{-2}+a_2 r^{-4}+\cdots \qquad \cdots ⑨$$

역제곱 법칙은 식 ⑨ $f(r)$의 제1항에만 근사한 것이다. 거리 r이 비교적 작을 때는 제2항을 포함하는 고차항이 필요해질 것이다. 제1항까지 남기는 근사를 제1근사라고 하며, 제2항까지 남기는 근사를 제2근사라고 한다. 실제로 아인슈타인은 역제곱 법칙인 '중력의 법칙'이 근사법칙이라는 사실을 밝혀냈다.

주기성이란

원에서
타원으로

제 3강에서는 케플러$^{\text{Johannes Kepler, 1571~1630}}$가 발견한 '케플러의 제1법칙'과 '케플러의 제2법칙'을 소개하려 한다. 행성의 공전에 관련된 이 법칙들은 행성의 궤도가 어떤 식으로 정해지는지를 밝혀냈다.

　물체가 자유롭게 날아다녀야 할 우주공간에서 어째서 행성은 한 바퀴를 돌아 똑같은 장소로 돌아오는 '주기성'을 갖는 것일까?

　자연계의 주기적인 현상을 대표하는 것이 바로 이런 행성의 공전이다. 예를 들어 주기적으로 반복되는 계절 변화도 지구의 공전 때문이다. 지축(북극과 남극을 잇는 축)이 공전 면에 대해 약 23.4°만큼 기울어져 있기 때문에 일조시간에 차이가 생기는 것이다.

삼각비와 삼각함수

제3강에서는 삼각함수가 매우 중요한 역할을 하므로 복습해 보자. 삼각함수의 기본이 된 삼각법(아래의 삼각비 등을 이용해 문제를 해결하는 방법)은 오래 전부터 천문학에서 사용되었는데 이미 1세기 말의 문헌에도 기록이 있다고 한다.

직각삼각형(그림 3-1)에서 세 변의 길이의 비는 다음과 같이 정의되며, 이를 삼각비라고 한다.

$$\cos\theta \equiv \frac{x}{r}, \quad \sin\theta \equiv \frac{y}{r}, \quad \tan\theta \equiv \frac{y}{x} \qquad \cdots \text{①}$$

삼각비 각각의 머리글자인 c(코사인), s(사인), t(탄젠트)를 그림 3-1처럼 필기체로 쓰면(머리글자 C 사이에 있는 각도를 θ라고 한다), 필순에

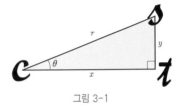

그림 3-1

따른 두 변의 순서가 분모와 분자 형태로 나타나는 변이 된다. 일단 이 방법으로 외워두면 삼각형의 방향이 어떻게 되든 삼각비를 알 수 있다.

위의 정의에서는 θ가 예각뿐이지만, xy평면에서 삼각비를 90° 이상의 각도(원점의 둘레에서 시계반대방향으로 정의한다)나 마이너스 각도(시계 방향일 경우)로 확장한 것이 삼각함수이다. 한 바퀴(360°)를 돌면 같은 값으로 돌아오는 삼각함수의 '주기성'은 자연계의 다양한 주기현상을 이해하는 밑거름이 된다.

행성 간 궤도 반지름 비의 측정

먼저 행성의 궤도를 '원'으로 가정하고 태양을 원의 중심에 두는 지동설로 생각해 보자. 삼각비를 잘 이용하면 지구의 궤도 반지름을 기준으로 했을 때 행성의 궤도 반지름(궤도 반지름 비)은, 지상에서 보는 태양과 행성의 각도를 측정한 것만으로도 아래와 같이 계산할 수 있다.

그림 3-2에서는 지구가 아닌 다른 행성의 궤도를 굵은 선으로 나타 냈다. 왼쪽 그림은 지구 궤도보다 안쪽에 있는 내행성(수성과 금성) 의 경우이다. 지구 E에서 행성 P가 태양 S에서 가장 큰 각도로 멀리 보일 때, 그 각도 α ($\angle$PES)를 '최대이각'이라고 한다. 이때 $\angle$EPS 는 $90°$가 되므로 △EPS는 꼭짓점 P를 직각으로 하는 직각삼각형이 다. 행성과 태양 간의 거리 $\overline{\text{PS}}$(점 P와 점 S 사이의 거리를 $\overline{\text{PS}}$라고 나타 낸다)와, 지구와 태양 간의 거리 $\overline{\text{ES}}$의 비는 다음 식으로 구할 수 있다.

$$\frac{\overline{\text{PS}}}{\overline{\text{ES}}} = \sin \alpha \quad \cdots ②$$

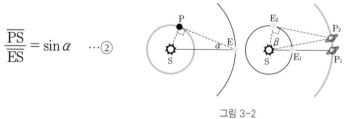

그림 3-2

그림 3-2의 오른쪽 그림은 지구 궤도보다 바깥쪽에 있는 외행성(화 성, 목성, 토성 등)의 경우이다. 먼저 E_1 위치에 있는 지구에서 보면, P_1에 있는 행성이 태양 S의 정반대편에 있을 때('충'이라고 한다) 그

날짜와 시간을 기록해 둔다.

시간이 경과해 지구가 E_2의 위치에 왔을 때 P_2에 있는 행성과 태양 S가 이루는 각도($\angle P_2 E_2 S$)가 $90°$가 되었다고 하자. 좀 전에 기록한 날짜와 시간에서 경과한 시간을, 지구와 행성의 공전주기로 각각 나누면 지구와 행성이 한 바퀴 도는 동안 얼마나 회전했는지 계산할 수 있다. 지구 쪽 공전주기가 외행성보다 짧은 만큼 더 회전하는 셈이어서 지구와 행성의 각도 차 β($\angle P_2 SE_2$)를 구할 수 있다.

이 조건에서 $\triangle E_2 P_2 S$는 꼭짓점 E_2을 직각으로 하는 직각삼각형이 된다. 지구와 태양 간의 거리 $\overline{E_2 S}$와, 행성과 태양 간의 거리 $\overline{P_2 S}$의 비는 다음 식으로 구할 수 있다.

$$\frac{\overline{P_2 S}}{\overline{E_2 S}} = \frac{1}{\cos \beta} \qquad \cdots ③$$

식 ②와 식 ③에서 행성과 태양의 각도를 측정하면 궤도 반지름 비를 알 수 있기 때문에 태양계의 모형도를 그릴 수 있다. 태양계의 구조는 이렇게 밝혀졌다.

또 행성의 궤도를 원이라고 했는데 뒤에 설명하겠지만 실제로는 원 궤도에 어긋난 부분이 있었다. 그 어긋남은 화성이 수성보다 좀 더 크고, 외행성의 관측방법이 내행성보다 복잡해서 화성의 궤도를 계산하는 것이 극히 난해했기 때문에 일어난 일이었다. 행성과 지구의 위치가 변할 때마다 궤도 반지름 비가 달라져서 무수한 관측과 계산을 모두 반복하면서 정확한 궤도를 조사해야 하는 것이다.

케플러의 제2법칙

먼저 각도의 단위로 라디안을 설명할 것이다. 1라디안은 반지름과 동일한 길이의 호에 대한 중심각으로 $\dfrac{360^\circ}{2\pi}=57.296^\circ$이다. 그리고 원의 중심 둘레를 회전하는 동안 움직이는 반지름을 '반지름 벡터^{radius}'라고 한다.

각도 θ를 라디안으로 나타내면 반지름 벡터가 그리는 호의 길이는 반지름 벡터의 길이 r의 θ배이므로 $r\theta$가 된다. 원을 한 바퀴 도는 각도는 2π라디안(360°), 원주의 길이는 $2\pi r$이 된다.

1609년 케플러는 《신新천문학》을 출간했다. 화성의 궤도가 어떤 곡선인지를 고민한 끝에 케플러는 어디까지나 하나의 가능성으로서 원의 중심에서 조금 벗어난 곳에 태양을 두는 '이심원'을 검토해 보았다(그림 3-3). 이심원에서도 화성의 궤도는 여전히 원이었지만, 태양에서 행성을 연결하는 반지름 벡터(그림 3-4의 AC나 AG)의 길이가 항상 변화하는 것에 대해서는 설명이 가능했다.

그림 3-3

케플러의 제2법칙은 《신천문학》의 제40장 본문에 묻혀 처음에는 전혀 눈에 띄지 않았다. 이 법칙은 이심원을 가정하고 있고 추론도 잘못되었지만 결론은 옳았다. 실제 문장은 다음과 같다.

그림 3-4

평균근점이각은 시간을 측정하는 것이므로 CGA의 면적
(그림 3-4)이 이심원의 호 CG에 대응하는 시간, 즉 평균
근점이각의 척도가 될 것이다.

평균근점이각[mean anomaly]이란 각도 ∠CAG(단위 라디안)에서 측정한
1주기 내의 비율을 말하는데 0에서 2π 까지의 값을 갖는다. 평균근
점이각 M은 다음 식으로 구할 수 있다.

$$M = 2\pi \frac{t}{T} \qquad \cdots \text{④}$$

여기에서 T는 천체의 공전주기, t는 근일점(행성이 태양에 가장 가
까워지는 위치)에서의 경과 시간이다. 식④에서 평균근점이각이 시
간을 측정하는 기준이 되는 것을 알 수 있다. 영어 anomaly는 '이상
異狀'이라는 뜻인데, 천문학에서는 '근일점을 기준으로 하는 각도'라
는 의미로 사용된다.

CGA의 면적이 시간의 척도가 된다는 것은 면적이 시간적으로 변
화하는 비율이 일정하다는 의미이다. 이것은 곧 시간 변화당 면적변
화, 즉 '면적속도'가 일정하다는 것과 등가이다.

이 법칙은 태양의 둘레를 도는 행성의 운동에 대한 것이지만, 훗
날 일반적인 물체의 회전운동에서도 성립하는 것이 밝혀지면서 케
플러의 제2법칙으로 불리게 되었다.

케플러의 제2법칙의 의미

케플러의 제2법칙을 포함하는 다음의 네 가지 명제 **1**부터 **4**는 모두 서로 '등치'이다. 즉 네 가지 명제 중 어느 것 하나가 참이면 다른 세 가지도 모두 참이라는 것을 수학적으로 증명할 수 있다.

1 면적속도가 일정하다(케플러의 제2법칙)

물체가 운동하는 궤도상에서 회전의 기준점에서 물체를 향하는 '반지름 벡터'가 그리는 '면적속도'는 항상 일정해진다.

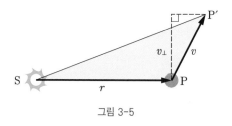

그림 3-5

반지름 벡터 r을 밑변 $\overline{SP}$로 하고 다른 한 변을 행성의 현재 위치 P인 순간으로 진행하는 변위 $\overline{PP'}$로 삼각형 △SPP′를 만든다(그림 3-5). 현재위치에서 속도 v는 '반지름 벡터와 수직방향 성분'(즉 회전방향 성분)을 $v_\perp$(첨자는 수직 기호)라고 가정하면, 이것은 △SPP′에 대해서 시간 변화당 높이 변화를 나타낸다.

면적속도 A는 시간 변화당 그릴 수 있는 △SPP′의 면적변화로, 다음 식으로 정의된다.

$$A \equiv \frac{1}{2} r v_\perp \qquad\qquad\qquad \cdots ⑤$$

면적속도 A가 일정하다면 식 ⑤에서 $rv_\perp$의 값은 일정하다. 하지만 rv나 $v_\perp$은 등속원운동이 아닌 한 항상 변화한다는 사실에 주의해야 한다.

2 각운동량이 일정하다

'각운동량'은 반지름 벡터의 길이에 운동량(회전방향 성분)을 곱한 양이다. 물체의 질량을 m이라고 하면 각운동량 L은 다음 식으로 정의된다.

$$L \equiv r m v_\perp \qquad\qquad\qquad \cdots ⑥$$

식 ⑤와 식 ⑥에서 계수 $\frac{1}{2}$이나 질량 m은 상수이므로 면적속도가 일정하다면 각운동량은 일정해지고 그 역도 옳다. 이것으로 제1명제와 제2명제의 등치성이 증명되었다.

각운동량이 일정해지는 예로는 피겨스케이트에서 스핀 도중에 자세변화를 동반하는 '콤비네이션 스핀'을 들 수 있다. 상체나 한쪽 다리를 옆으로 벌린 상태에서 직립으로 바꾸면 회전방향의 속도성분 $v_\perp$이 커지는 모습을 얼마든지 영상으로 확인할 수 있을 것이다.

질량분포의 차이로 $v_\perp$이 어떻게 변화하는지 살펴보자.

일체가 되어 회전하는 질량 M과 m 두 물체가 각각 반지름 벡터 r_1과 $r_2(r_2 > r_1)$의 위치에 있고, 질량 m인 물체만 r_1의 위치까지 이동시켰다고 하자. 그때 회전방향의 속도성분은 v_0에서 v로 변화하는데, 각운동량이 일정하기 때문에 다음 식이 성립한다.

$$L = r_1 M v_0 + r_2 m v_0 = r_1 M v + r_1 m v$$

속도의 비를 구하면 다음과 같다.

$$\frac{v}{v_0} = \frac{r_1 M + r_2 m}{r_1 M + r_1 m} > 1$$

$r_2 > r_1$에 따라 분자값이 분모값보다 크기 때문에 이 비는 반드시 1보다 커지고, $v > v_0$가 되는 것을 알 수 있다.

3 반지름 벡터의 크기에 의해서만 달라지는 힘(중심력)만 작용한다

물체에 힘이 전혀 작용하지 않으면 그 물체는 같은 속도로 직선상을 운동한다(등속직선운동). 이것이 '관성'이라는 성질이다. 반대로 물체가 등속운동을 한다면 그 물체에 작용하는 힘의 합이 0이다. 행성이나 혜성의 운동처럼 궤도가 곡선을 그린다는 것은 반드시 어떤 힘이 작용한다는 뜻이다.

일반적으로 물체에 작용하는 힘은 반지름 벡터 방향의 힘 성분(중심력)과 반지름 벡터와 수직인 성분으로 분리할 수 있다. 구심력(중심을 향하는 힘)은 인력(끌어당기는 힘)이고, 원심력(중심에서 멀어지는 힘)은 항상 척력(서로 밀어내는 힘, 반발력)으로 작용한다. 구심력과 원심력은 방향이 다를 뿐 둘 다 중심력이다.

인력과 척력은 어떤 점이나 물체를 기준으로 힘이 작용하는 방향을 나타내는 일반적인 용어이다. 예를 들어 자석은 N극과 S극 사이에 인력이 작용하고 N극끼리나 S극끼리는 척력이 작용한다. 그리고 '중력'은 항상 인력으로만 작용한다(제4장).

４ 토크가 작용하지 않는다.

'토크'는 '힘의 모멘트'라고도 하는데 반지름 벡터의 길이(즉 회전축에서의 길이)에 힘(회전방향 성분)를 곱한 양이다. 토크가 작용하지 않으면 힘은 중심력만 남게 되고, 그 반대도 옳기 때문에 제3과 제4 명제는 등치이다.

토크의 실례로는 드라이버의 회전력을 들 수 있다. 드라이버를 쥐는 부분이 넓을수록(즉 반지름 벡터가 클수록) 힘을 많이 가하지 않아도 돌릴 수 있다. 자전거를 조립할 때 육각 나사 같은 것은 렌치로 너무 세게 조이면 부품이 손상되고, 너무 느슨하면 주행 중에 풀릴 위험이 있기 때문에 토크(단위는 뉴턴[N]과 미터[m]의 곱)의 허용범위가 설명서에 명기되어 있다.

물체에 순 힘이 작용하지 않으면(즉 모든 힘을 합한 알짜 힘이 0), 물체의 운동량은 변화하지 않고 일정하게 유지된다(제4강의 식 ⑦에서 볼 수 있다). 또 토크는 시간 변화당 각운동량의 변화로 나타나기 때문에 마찬가지로 알짜 토크가 작용하지 않으면 물체의 각운동량은 바뀌지 않고 일정하다. 이것으로 제2명제와 제4명제의 등치성도 나타냈다.

'등속원운동'에 대해서 이 네 가지 명제를 정리해 보자. 물체는 항상 반지름 벡터에 대해 수직으로 돌고 속도가 변하지 않기 때문에 토크는 작용하지 않고 중심력만 작용한다. 이때 면적속도와 각운동량은 일정해진다. 원심력만으로는 물체가 중심에서 점점 멀어지기 때문에 반드시 구심력이 작용해야만 한다.

또 물체의 궤도가 원 이외의 곡선을 그리는 경우에는 궤도가 반지름 벡터에 대해서 수직이라고만은 할 수 없으며 궤도상의 속도는 항상 변화한다. 그렇게 복잡한 경우에도 물체에 중심력만 작용한다면 케플러의 제2법칙이 성립한다는 사실에 주의해야 한다.

반지름 벡터나 속도처럼 크기와 방향을 가지는 양을 벡터라고 하는데 그림으로 그릴 때는 화살표로 나타내면 이해하기 쉽다. 마이너스 부호가 붙었을 때는 좌표축의 방향이나 반지름 벡터 방향(힘의 중심에서 물체로 향하는 방향), 회전방향(시계반대방향)에 대해 반대방향을 의미한다.

토크는 벡터로 나타내며 시계 방향으로 힘을 가해 나사를 회전시켰을 때 나사가 돌아가는 방향으로 방향이 정해진다. 각운동량도 벡터로 나타내며 운동량 벡터(속도 벡터와 같은 방향)를 토크의 힘과 마찬가지로 보면 된다. 즉 각운동량 벡터는 반지름 벡터와 운동량 벡터가 만드는 평면에 대해 나사가 진행하는 수직 방향으로 정해진다.

일반적으로 어떤 물리량의 값이 시간적으로 변화하지 않고 일정하게 유지될 때 '물리량이 보존된다'라고 하며, 이를 '보존법칙'이라고 한다(제9강에서 자세히 설명할 것이다). 예를 들어 각운동량이 보존된다면 각운동량의 크기와 각운동량 벡터의 방향이 일정하게 유지된다. 이를 각운동량 보존법칙이라고 한다.

각운동량 보존법칙은 본래 3차원에서 자유롭게 날아다녀야 할 물체가 어떤 일정한 평면 내에 구속당해 그 위치와 속도가 같은 평면 내에 계속 머무르는 것을 의미한다. 즉 행성의 운동이 평면운동이라는 것은 각운동량 보존법칙의 중요한 의미 중 하나이다. 각운동량 보존법칙과 등치인 케플러의 제2법칙 또한 동일한 내용을 규정하고 있다.

더욱 깊어진 케플러의 고뇌

이상과 같이 행성의 운동에 관한 중요한 법칙을 얻을 수 있었지만, 관측 데이터에 의하면 화성의 궤도는 분명 이심원에서 벗어나 있었다. 그 때문에 화성의 정확한 궤도를 정해야만 했다. 케플러의 고뇌는 새로운 법칙을 발견할 때까지 끊임없이 계속되었다.

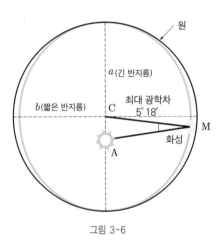

그림 3-6

그림 3-6에서는 차이를 쉽게 알 수 있도록 원에서 벗어난 부분을 과장해서 화성의 궤도(굵은 선)를 그렸다. 궤도의 중심 C를 구해 긴 쪽의 반지름을 긴 반지름 a라고 하고, 짧은 쪽의 반지름을 짧은 반지름 b라고 한다(양쪽은 직교한다). 또 C에서 어긋난 점 A에 태양이 있다고 가정하고 화성의 위치는 M으로 한다(그림 3-6).

케플러는 각도 ∠AMC을 구해 보았다. 이 각도를 '시각적 균차'라고 하는데 궤도상 화성의 위치에 따라 변화한다. 근일점과 원일점(행성이 태양에서 가장 멀리 떨어진 위치)에서 시각적 균차는 0이 된다.

시각적 균차는 궤도가 짧은 반지름과 교차하는 부근에서 최대값을 취하는데 그 값은 5°18′(5도 18분. 1분은 각도 단위로 1/60도)이었다(그림 3-6). 또 긴 반지름 a와 짧은 반지름 b의 비를 구하자 1.00429였다. 각도 5°18′와 1.00429라는 수치 사이에 수학적 관계성을 끌어냄으로써 케플러는 새로운 법칙을 발견한 것이다.《신천문학》에서 다루는 방대한 수치 속에서 이 관계성을 발견할 수 있었던 이유는 경이로운 기억력과 집중력 덕분이었다.

케플러의 영감과 확신

케플러는 매일 밤낮을 가리지 않고 계산을 반복했다. 하나의 각도를 얻으면 세 삼각비와 그들의 역수 등 생각나는 것들을 모두 차례대로 삼각함수표와 손계산으로 검토했을 것이다. 그리고 마침내 깨달음이 찾아왔다. 그것은 다음 계산을 했을 때였다고 한다.

$$\frac{1}{\cos(5°18')} = 1.00429 \qquad \cdots ⑦$$

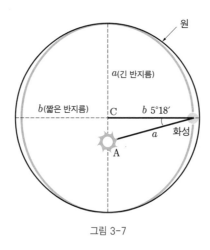

그림 3-7

《신천문학》의 제4부 제56장에 케플러는 다음과 같이 기술했다.

우연히도 최대 시각적 균차를 측정했던 5°18′ 라는 각
도의 시컨트(코사인의 역수)에 생각이 이르렀다. 이 값이
1.00429(10만 배 한 값)인 것을 목격했을 때, 마치 새로운

빛의 근원을 발견하고 잠에서 막 깨어난 것처럼 아래와
같이 추론하기 시작했다.

그때까지 아무런 관계도 없어 보이던 두 개의 수치가 식 ⑦에 의
해서 멋지게 결합되었던 것이다.
이 두 수치의 관계성을 이용해서 궤도의 형태를 유도해 보자.
식 ⑦에서 다음 식을 얻을 수 있다.

$$\frac{a}{b} = 1.00429 = \frac{1}{\cos(5°18')} \qquad \cdots ⑧$$

궤도가 짧은 반지름과 교차하는 위치에서 반지름 벡터가 짧은 반
지름 b와 이루는 각도는 근사적으로 최대 시각적 균차 $5°18'$ 라고
볼 수 있다(그림 3-7). 이때 반지름 벡터의 길이는 식 ⑧에 의해 긴 반
지름의 길이 a와 일치한다. 이런 궤도의 성질은 다음 내용에서 보
듯이 타원의 특징이었다.

타원의 성질

'타원'이란 원을 한쪽 방향으로 $\frac{b}{a}$ 배만큼 누른 모양이다. 타원에는 긴 반지름 상에 2개의 '초점'이 있다(그림 3-8에서 실을 핀으로 고정시킨 두 점). 타원에서는 이 두 초점에서 궤도상의 한 점까지 거리의 합이 항상 일정하다. 실제로 두 초점에 길이가 똑같은 실의 양끝을 고정하고, 펜 끝을 실의 안쪽에 대고 실을 당겨 한 바퀴 돌리면 정확하게 타원을 그릴 수 있다.

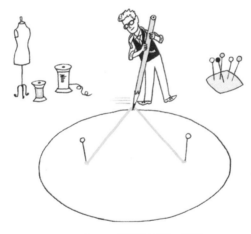

그림 3-8 **타원을 그리는 방법**.

여기에서 초점 한쪽에 태양을 놓는다. 이 타원을 그리기 위해서 필요한 실의 길이는 $2a$ 이다(☆). 두 초점은 궤도의 중심 C에서 같은 거리만큼 떨어져 있기 때문에 화성의 타원 궤도가 짧은 반지름과 교차하는 위치에 대한 반지름 벡터(그림 3-7)의 길이는 이 실 길이의 반만큼, 즉 긴 반지름의 길이 a와 일치한다.

또 타원은 짧은 반지름을 포함하는 정중선에 대해서 선대칭이 된다. 정중선보다 반쪽 반만큼의 궤도상에 점 P를 취하고, 그 점에서의 반지름 벡터의 길이를 x라고 하자. 그러면 다른 한쪽의 초점까지의 거리는 $2a - x$이다. 정중선에 대해서 점 P를 반환해서 돌아오는 점을 P′라고 하면 타원의 대칭성에 따라 점 P′에서의 반지름 벡터의 길이는 $2a - x$가 된다. 점 P와 P′에서 반지름 벡터 길이의 평균을 구하면 다음과 같다.

$$\frac{x + (2a - x)}{2} = a \qquad \cdots \ ⑨$$

타원 궤도상의 모든 점에 대해서 점 P와 점 P′인 한 쌍으로 반지름 벡터 길이의 평균을 구하다 보면 알 수 있듯이 화성과 태양 간 거리의 평균값은 엄밀히 궤도의 긴 반지름의 길이 a와 동일해진다. 그리고 또 다른 초점 하나에 태양을 더 두었다고 해도 운동이나 타원의 성질은 전혀 변하지 않는다.

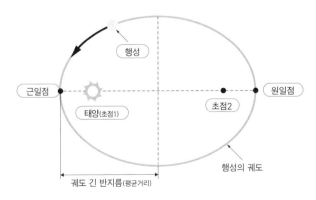

그림 3-9 **케플러의 제1법칙**.

케플러의 제1법칙

타원에는 2개의 초점이 있는데, 화성은 그중 한쪽에 위치하는 태양에 대해서 타원 궤도를 그린다. 다른 초점에는 아무것도 없다(그림 3-9). 또 공전운동의 반지름 벡터는 타원의 중심에서가 아니라 태양이 있는 초점에서 화성의 위치로 향한다는 사실에 주의해야 한다.

이렇게 해서 케플러가 새롭게 발견한 법칙(케플러의 제1법칙)은 다음과 같다.

행성은 태양을 초점으로 하는 타원 궤도 위를 운동한다.

이 법칙은 화성뿐만 아니라 모든 행성의 공전운동에 적용할 수 있는 것으로 확인되었다.

태양계란

케플러에서
뉴턴으로

제3강에서 설명한 케플러의 제1법칙과 제2법칙은 둘 다 모든 행성에 대해 성립하지만, 타원의 형태나 면적속도의 값은 행성마다 각각 달랐다.

　케플러는 태양계가 전체적으로 조화롭다면 행성들 사이에 어떤 공통된 값이 있을 것이라고 생각했다.

　이 착상은 다시 뉴턴Sir Isaac Newton, 1642~1727이 발견한 '중력의 법칙'으로 전개되었다.

　애초에 '태양계'라는 계(시스템)를 성립시킨 것은 케플러와 뉴턴이 도출한 법칙들이다.

케플러의 제3법칙

천신만고 끝에 케플러는 다음 법칙(케플러의 제3법칙)을 발견했다.

공전주기의 제곱과 궤도의 긴 반지름(행성과 태양 간의 평균거리)의 세제곱의 비는 모든 행성에 공통이다.

이 법칙을 식으로 나타내면 다음과 같다.

$$[공전주기]^2 = 비례상수 \times [궤도의 \ 긴 \ 반지름]^3 \qquad \cdots ①$$

태양계 행성의 데이터를 그래프로 나타내 보자. 데이터에는 토성보다 훨씬 멀리 있는 천왕성과 해왕성도 포함된다(그림 4-1).

가로축은 각각 행성 궤도의 긴 반지름(단위: 천문단위)이고, 세로축은 행성의 공전주기(년)이다. 천문단위(AU)는 지구 궤도의 긴 반지름을 기준으로 정해졌다. 천문단위는 다음과 같이 높은 정밀도로 측정된다.

$$1AU \equiv 1.49597870 \times 10^{11} m$$

태양계 행성의 데이터로 케플러의 제3법칙을 확인하려면 가로축과 세로축 양쪽에 상용로그를 취한 '로그 그래프'를 이용하면 된다. 실제 데이터를 로그 그래프에 나타내면, 모든 행성이 멋지게 하나의 직선상에 올라와 있는 것을 알 수 있다. 제2강에서 설명했듯이 이것은 '멱함수'의 특징이다.

그런데 지구의 데이터는 가로축과 세로축 모두 1인 곳(1AU와 1년)에 있다. 그래프의 오른쪽 상단은 100AU와 1,000년이 교차한다. 행성이 실려 있는 직선이 이 끝 지점을 통과한다는 것은 가로축의 2눈금분량(1부터 100)에 대해 세로축의 3눈금분량(1부터 1,000)만큼 변화한다는 뜻이다. 따라서 공전주기는 긴 반지름의 $\frac{3}{2}$제곱에 비례하는 것을 실제 데이터로 확인할 수 있다.

식 ①에서 공전주기 T, 궤도의 긴 반지름 a, 비례상수 k라고 했을 때 $T^2=ka^3$이 되므로 양변의 상용로그를 취하면 $\log_{10}(T^2)=\log_{10}(ka^3)$이 되어 다음 식을 얻을 수 있다.

$$2\log_{10}T=3\log_{10}a+\log_{10}k,\ \therefore\ \log_{10}T=\frac{3}{2}\log_{10}a+k'$$

여기에서 $k'\equiv\dfrac{(\log_{10}k)}{2}$ 라고 했다.

이 식은 예를 들어 목성에 있는 67개의 위성이나 태양 이외의 별(태양계 외행성)에 대해서도 성립한다. 이때 상수 k'는 중심에 위치하는 질량이 큰 천체(태양 대신)의 질량만으로 근사적으로 정해지고, 로그 그래프에 나타나는 직선은 k'의 값에 따라 평행이동한다. 하지만 위의 식이 나타내듯이 '$\frac{3}{2}$'이라는 직선의 기울기는 변화하지 않는다. 이것이 일반화된 케플러의 제3법칙으로, 법칙의 보편성이 '$\frac{3}{2}$제곱'으로 나타나는 것을 알 수 있다.

또 이미 2,000개 이상의 태양계 외행성이 발견되었는데 그중 어딘가에 생명이 존재하지는 않을까 추측한다.

로그나선의 법칙

　그림 4-1의 로그 그래프를 잘 보면 화성과 목성 사이를 제외하면 각 행성은 거의 동일간격으로 늘어서 있다. 우연이라기에는 너무나도 엄청나게 느껴진다. 행성의 이런 분포에 어떤 법칙이 반영되어 있는 것은 아닐까?

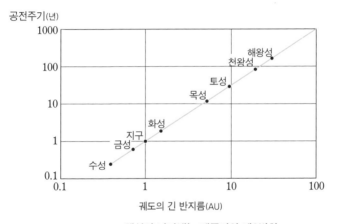

그림 4-1　**행성이 나타내는 케플러의 제3법칙.**

　그래서 떠오른 것이 '로그나선'(등각나선이라고도 한다)이다. '극'이라고 하는 정점 O에서 임의의 점 P까지의 거리 $\overline{OP}$를 반지름 벡터 r의 길이라고 하고, 극 O를 통과하는 기준선(x축이 쓰인다)과 OP가 이루는 각도를 θ(시계반대 방향을 플러스라고 정한다), 평면상의 점을 나타내는 (x, y) 대신 (r, θ)라는 2개의 변수의 조합으로 나타낸 좌표를 극좌표라고 한다. 로그나선은 각도 θ가 반지름 벡터 r의 로

그값에 비례하는 곡선이며 다음 식으로 나타낼 수 있다(α는 비례상수). 또 log에는 e(네이피어수)를 밑으로 하는 자연로그를 이용한다.

$$\theta = \alpha \log r$$

예를 들어 각도 θ가 2π 라디안의 정수배로 증가할 때 반지름 벡터 r의 로그는 동일간격으로 커진다. 즉 소용돌이가 한 바퀴, 두 바퀴…가 될 때 각각의 소용돌이가 중력으로 응축해서 행성이 탄생했다고 가정한다면, 행성 궤도의 긴 반지름의 로그값이 거의 동일간격으로 늘어서는 것이 설명된다.

일반적으로 태양계의 행성들은 중심에 있는 태양의 일부가 방출되어 생성된 것으로 여긴다. 또 태양과 그 주변에 있던 기체가 처음부터 회전했고 이 회전의 원심력이 중력보다 충분히 크다고 가정해보자. 방출된 물질의 질량이 태양의 원래 질량보다 충분히 작다면, 각운동량 보존법칙(제3강)에 따라 전체의 회전속도는 거의 변하지 않는다. 방출된 물질이 주변에 있던 기체의 압력에 의해 압축되면서 원심력(제7강에서 설명한다)에 의해 태양에서 멀어진다면 로그나선 모양의 소용돌이가 생길 것이다(제7강의 '막대와 링의 모형' 참조). 실제로 태양계보다 규모가 훨씬 더 큰 소용돌이은하에서도 소용돌이의 형태가 로그나선에 가까운 것으로 알려졌다(그림4-2).

자연계에서는 우주에서 생물까지 다양한 스케일로 '로그나선의 법칙'이 작용한다. 각각의 형태를 만드는 매커니즘은 전혀 다르지만 같은 법칙을 따른다는 것은 어찌됐든 신기한 일이다. 거기에 자연의

'묘', 또는 '미'가 숨어 있다.

암모나이트나 앵무조개 같은 생물은 몸이 커지면 정기적으로 뒤쪽에 격벽을 만들면서 다음 공간으로 이동하고, 껍질 테두리는 탄산칼슘이 결정화되면서 계속 성장한다. 암모나이트의 형태를 단순화하면 일정한 비율로 커지는 닮은꼴 사각형이 로그나선을 그리면서 순차적으로 추가되는 구조이다. 그 결과 암모나이트를 정중앙에서 자르면 멋진 로그나선이 나타난다(그림 4-3).

그림 4-2 **큰곰자리의 소용돌이은하**(M101).

그림 4-3 **중생대 백악기**(1억 3500만 년 ~6500만 년 전)**의 암모나이트.**

로그나선과 프랙탈

로그나선을 단순화시킨 수학 모형을 생각해 보자. 반지름 벡터 r이 초깃값 r_0에서 식 $r=r_0 \cdot s^n$ ($n=0, 1, 2\cdots$)에 따라 계단식으로 s배씩 확대된다고 가정하면 각도 θ는 다음과 같다.

$$\theta = \alpha \log r = \alpha \log (r_0 \cdot s^n) = \alpha (\log r_0 + \log s^n)$$
$$= \alpha \log r_0 + n\alpha \log s$$

n이 1씩 증가할 때마다 반지름 벡터는 s배가 된다. 위에 나오는 식의 마지막 항 $n\alpha \log s$가 보여주듯이 이때 각도는 $\alpha \log s$라는 일정값만큼 증가하기 때문에 그림 4-4와 같은 꺾은선을 얻을 수 있다.

그림에 그려진 서로 이웃하는 삼각형에서 2개를 골라 보자. 큰 쪽의 삼각형을 이루는 2개의 반지름 벡터는, 작은 쪽의 삼각형을 이루는 반지름 벡터의 s배이다. 그리고 이 삼각형 사이에 2개의 반지름 벡터가 이루는 각은 동일하다.

따라서 일정한 비율로 커지는 '닮은꼴 삼각형'이 차례대로 서로 이웃하는 것을 알 수 있다. 요컨대 그림속의 삼각형은 모두 서로 닮은꼴 삼각형이다.

이렇게 해서 얻어낸 각 점 (r, θ)을 순서대로 결합한 바깥쪽의 꺾은선은 로그나선이다. $\alpha \log s$의 값을 충분히 작게 하면 꺾은선이 충분히 매끄러운 곡선이 되는 것을 알 수 있을 것이다. 그래도 서로 닮은꼴 삼각형 등의 성질은 변하지 않기 때문에 단순화시킨 이 모형은 매우 도움이 된다.

그림 4-4의 로그나선 전체를 s 배만큼 확대하고 다시 전체를 시계반대방향으로 $\alpha \log s$의 각도만큼 돌리면 원래의 로그나선과 완전히 겹치는 것을 알 수 있다. 어떤 도형을 확대해도 원래의 도형과 똑같아지는 성질을 '닮음'이라고 한다. 로그나선은 닮은 도형의 한 예이다.

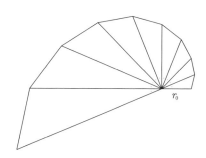

그림 4-4 **삼각형을 단위로 하는 단계적인 로그나선**$[r_0=1,\ s=1.2,\ \alpha \log s=\frac{\pi}{8}$ **로 했을 때].**

일반적으로 어떤 부분이 그것보다 큰 부분의 닮음이 되는 도형을 '프랙탈'이라고 한다. 프랙탈이라는 새로운 기하학 개념은 베노이트 만델브로트[Benoit Mandelbrot, 1924~2010]의 연구로 알려지게 되었다. 프랙탈은 자연계의 다양한 현상이 수학으로 결합된 멋진 예이다.

덴마크를 대표하는 조명 디자이너 폴 헤닝센[Poul Henningsen, 1894~1967]은 램프 갓을 로그나선 형태로 만들었는데(그림 4-5), 우연히 만들게 된 것이 아니라 빛의 균일한 확산을 얻기 위해서 일부러 그렇게 디자인한 것이다. 램프 갓으로 유백색 글라스를 사용하면 일반 글라스에서는 입사각에 따라 반사율과 투과율이 크게 달라지기 때문에 빛의 확산에 편차가 생겨 버린다.

그림 4-5에서 알 수 있듯이 극에 점광원을 두면 빛의 입사각은 로그나선상의 어디에서나 일정해진다. 헤닝센의 디자인에는 입사각을

일정하게 유지하는 '기능미'가 있었던 것이다. 로그나선 같은 법칙을 밝혀내고 그 법칙을 다른 목적에 활용한 것 또한 인간의 창조적 아이디어의 전형이라고 할 수 있다.

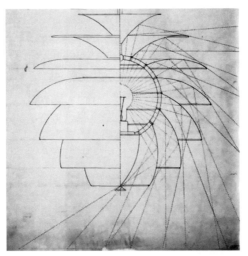

그림 4-5 **모든 빛의 입사각이 일정해지는 헤닝센의 램프갓.**

태양계의 법칙

다시 태양계로 돌아가 보자. 화성과 목성 사이의 공간은 사실 비어 있는 것이 아니라 무수한 천체로 이루어진 소행성대(메인벨트)가 자리 잡고 있다. 그중에서도 최초로 발견된 '세레스(준행성 중 하나)'의 데이터를 보면 화성과 목성의 정확히 중간에 있으면서 같은 직선상에 실려 있는 것을 알 수 있다(그림 4-6). 이것이 바로 케플러가 추구한 '태양계의 법칙'이었다.

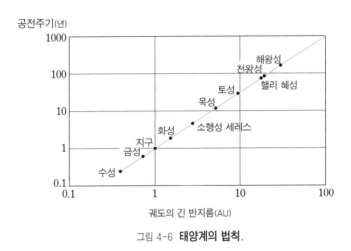

그림 4-6 **태양계의 법칙**.

그렇다면 혜성은 어떨까? 핼리 혜성의 데이터는 궤도의 긴 반지름이 17.83AU, 공전주기가 75.3년인 상당히 길고 편평한 타원형이다. 그래프에 올려보면 핼리 혜성은 천왕성 근처에서 같은 직선상에 실린다. 즉 핼리 혜성 역시 태양계 둘레를 도는 태양계의 일

원이었다.

핼리 혜성으로 추정되는 기록은 기원전부터 있는데, 약 75년 주기로 나타난다는 사실을 처음 밝혀낸 사람은 뉴턴과 친분이 있던 에드몬드 핼리[Edmond Halley, 1656~1742]였다. 핼리는 1682년에 관측한 혜성이 1607년 케플러가 관측했던 혜성과 동일한 것이 아닐까 하는 의문이 발견의 단초가 되었다고 한다. 21세기에 핼리 혜성의 지구 근접 시기는 2061년 여름이 될 것으로 추측된다.

또 100AU를 넘는 궤도의 긴 반지름을 가진 천체(태양계 외연천체)가 이미 발견되는 등 태양계의 멤버리스트는 계속 늘어나고 있다.

문제 태양계에서 관찰되는 혜성은 대부분 타원이나 쌍곡선이 아닌 포물선 궤도에 가깝다. 그 이유는 무엇일까?(힌트: 장대한 공간 스케일로 생각하자.)

답 혜성의 종류는 같은 곳에 다시 돌아오는 주기성과 다시 나타나지 않는 비주기성으로 나눌 수 있다. 주기성이라고 해도 예를 들어 핼리 혜성의 타원 궤도는 매우 좁고 길며, 태양계의 모든 행성과 반대방향이고, 궤도면 역시 행성의 공전면에서 18°나 벗어나 있다. 그래서 혜성의 기원이 행성과는 다를 것으로 예상된다.

비주기성 혜성은 궤도가 열린 포물선이나 쌍곡선 궤도를 그린다. 주기성 혜성의 타원 궤도를 비롯해 모든 궤도는 원뿔곡선의 일부이다(제1강). 포물선은 궤도가 타원에서 쌍곡선으로 변화할 때 '임계'에 이르러 태양의 중력을 아슬아슬하게 뿌리친 끝에 먼 쪽에서 속도가 0이 된다. 쌍곡선은 중력을 여유롭게 뿌리치고 먼 쪽에서 속도를 가지는 경우이다.

여기서 태양계 주변에 부유하는 물질들은 태양에서 보면 충분히 멀리 있기 때문에 초속 0으로 볼 수 있다. 그런 물질이 태양의 중력에 끌려 태양계 내로 들어오면 포물선 궤도를 그리게 된다. 따라서 포물선 궤도를 그리는 혜성의 기원은, 태양계 바깥쪽에 부유하고 있는 물질들이 대부분일 것이다. 태양계를 둘러싼 많은 물질이 '오르트 구름'이라고 불리는 천체집단을 만드는 것으로 보고 있다.

뉴턴의 운동법칙

뉴턴은 다음과 같은 '운동법칙'을 발견하고 물체의 운동에 관한 물리학인 역학의 기초를 다졌다.

질량×가속도＝추진력   …②

식②의 질량을 관성질량이라고 한다. 여기에서 뉴턴은 추진력을 생각했다. 추진력 부호는 가속도 부호와 항상 일치하며, 가속도는 가속과 감속을 모두 포함하는 용어이다('감속도'라는 용어는 없다). 즉 가속도와 속도의 부호가 일치하면 가속이고 일치하지 않으면 감속이다.

물리에 등장하는 식은 일반적으로 식의 좌변이 주어, 우변이 술어에 해당하는 하나의 문장으로 읽을 수 있다. 식②는 '물체의 질량과 가속도의 곱이 추진력이다'라는 뜻이다. 보통 물체의 질량과 추진력을 제시하고 미지수인 가속도를 구하기 때문에 식②를 운동방정식이라고도 한다. 이런 운동법칙이 뉴턴의 제2법칙이다.

만약 추진력이 0이면 가속도도 0이 되어 등속운동을 유지(관성)하게 된다. 이런 특수한 경우를 '관성운동'이라고 규정한 법칙이 뉴턴의 제1법칙으로 '관성의 법칙'이라고도 한다.

그런데 식②에서 좌변과 우변을 바꿔 넣으면 수학적으로는 같은 등식이지만, 물리적으로는 의미가 달라진다는 사실에 주의해야 한다.

추진력＝질량×가속도

예를 들어 중력가속도(중력에 의해서 생성되는 가속도) g 처럼 가속도를 이미 알고 있을 때, 이 식은 '추진력(중력)은 물체의 질량(중력질량)에 비례한다'는 뜻이 된다. 중력질량에 관해서는 제7강에서 설명할 것이다. 가속도가 일정하지 않더라도 어떤 순간의 가속도에 대한 추진력은 물체의 질량에 비례한다고 생각하면 된다.

또 가해진 힘에 대한 물체 고유의 저항력인 '관성력'을 생각하면 다음 식과 같이 힘의 의미를 바꿀 수 있다.

관성력＝관성질량×가속도

이 식은 '관성력은 물체의 관성질량과 가속도를 곱한 값이다'라는 뜻이다. 관성력은 물체의 관성질량에 비례하기 때문에 '움직이기 어렵다'라는 관성질량의 의미는 명확하다. 관성력에 관해서는 제7강에서 다시 살펴볼 것이다.

이 책에서 어떤 물리량의 변화를 나타낼 때(수학에서는 일반적으로 '증분'이라고 한다) 변수 앞에 기호 Δ(그리스문자 델타)를 붙여 표기하기로 한다. 예를 들어 시간변화를 Δt, 위치변화를 Δx로 표기한다. 속도 v(velocity의 머리글자)는 다음 식으로 정의되며 속도 변화는 Δv로 표기한다.

$$v \equiv \frac{\Delta x}{\Delta t} \quad (\Delta t \to 0) \qquad \qquad \cdots ③$$

식③과 같은 변화끼리의 비를 일반적으로 평균변화율이라고 한다. 순간속도는 Δt가 충분히 작은 극한($\Delta t \to 0$)에서의 평균변화율로 정의된다. 또 질량을 m으로 하면 운동량 p는 다음 식으로 정의된다.

$$p \equiv m \frac{\Delta x}{\Delta t} \quad (\Delta t \to 0) \qquad \cdots \text{④}$$

그리고 가속도 a와 운동량 변화 Δp는 Δv를 사용한 다음의 두 식으로 정의된다.

$$a \equiv \frac{\Delta x}{\Delta t} \quad (\Delta t \to 0) \qquad \cdots \text{⑤}$$

$$\Delta p \equiv m \Delta v \qquad \cdots \text{⑥}$$

식⑤의 양변에 질량 m을 곱한 후 식⑥을 사용하면 다음 식이 된다.

$$ma = m \frac{\Delta v}{\Delta t} = \frac{m \Delta v}{\Delta t} = \frac{\Delta p}{\Delta t}$$

식②에 따라 $ma = F$이므로 물체에 작용하는 힘 F는 다음 식으로 정의해도 된다.

$$F \equiv \frac{\Delta p}{\Delta t} \quad (\Delta t \to 0) \qquad \cdots \text{⑦}$$

식⑦처럼 하면 물체의 질량이나 추진력을 모를 때도 일반적인 '힘'을 시간에 대한 운동량의 변화율로 정의할 수 있다. 반대로 물체에 힘이 작용하지 않으면 그 물체의 운동량은 변화하지 않고 유지된다. 이것이 '운동량 보존법칙'이다. 또 모든 힘의 '작용'에 대해 반대 방향으로 똑같은 크기의 '반작용'이 힘의 근원에 반드시 작용한다. 이것이 뉴턴의 제3법칙으로 '작용반작용의 법칙'이라고도 한다.

케플러 법칙에서 중력 법칙으로

지금까지 설명한 법칙을 근거로 태양계에서 중력 법칙을 유도해 보자. 먼저 케플러의 제2법칙에 따라 행성이 태양에서 받는 힘 F는 중심력이다(제3강). 즉 힘 F는 (r, θ)라는 극좌표 중 반지름 r에 의해서만 값이 결정되는 함수인 셈이다. 따라서 힘을 $F(r)$로 나타내자.

그런데 뉴턴의 제2법칙에 따라 힘 F는 행성의 질량 m에 비례한다. 뉴턴의 제3법칙에 따라 이 힘 F의 크기는 태양이 행성에서 받는 힘과 동일하기 때문에 태양의 질량 M에도 비례하게 된다.

게다가 케플러의 제1법칙에 기초하는 행성의 타원 궤도에서는 가속도가 반지름 벡터 r의 제곱에 반비례하는 것을 기하학적으로 나타낼 수 있기 때문에 행성이 태양에서 받는 힘 $F(r)$는 r의 제곱에 반비례한다.

이상으로 다음 식을 얻을 수 있다. 마이너스 부호가 붙은 것은 반지름 벡터 r과 반대방향인 '인력'이기 때문이다.

$$F(r) = -G\frac{mM}{r^2} \qquad \cdots ⑧$$

이것이 중력 법칙이다. 식⑧의 비례계수 G를 중력상수라고 하는데, 다음과 같이 극히 작은 값이 된다. 단위는 세제곱미터 $[m^3]$ 퍼 킬로그램 $[kg]$ 세컨드제곱 $[s^2]$이다.

$$G \equiv 6.67 \times 10^{-11} \mathrm{m}^3 / \mathrm{kg} \cdot \mathrm{s}^2 \qquad \cdots \text{ ⑨}$$

식⑧을 단위의 관점에서 확인해 보자. 뉴턴의 제2법칙에 따라 $F(r)$는 가속도에 비례한다. 가속도는 [거리÷(시간)^2]이라는 단위를 가진다. 케플러의 제3법칙에 의하면 시간(공전주기)의 제곱은 거리(궤도의 긴 반지름)의 세제곱에 비례한다. 이상으로 인해 다음 식이 된다(α는 비례 기호).

$$F(r) \propto \frac{거리}{시간^2} \propto \frac{거리}{거리^3} = \frac{1}{거리^2}$$

이상으로 $F(r)$는 거리의 제곱에 반비례하는 것이 확인되었다. 케플러의 세 법칙과 뉴턴의 세 법칙이 혼연일체가 되어 중력 법칙으로 이어지는 과정은 실로 장관이다.

영어로 중력을 universal gravitation라고 하는데 직역하면 '보편중력'이 된다. 식⑧은 태양계 이외의 천체나 물체 사이에서도 성립하는 것을 확인할 수 있는데, 그런 의미에서 '보편적'인 중력이라는 뜻이다. 그리고 식⑧에 나타나는 태양의 거대한 질량 $M(1.99 \times 10^{30} \mathrm{kg})$이 중력의 실질적인 원천이 되는 데서 알 수 있듯이 이 법칙은 태양계의 생성원인과 연관되어 있으며 지금도 태양계 전체를 지배한다.

제5강

상대성이란

갈릴레이에서
아인슈타인으로

제5강에서는 속도가 일정한 운동의 경우에 시간이나 공간과 관련된 물리량이 어떤 식으로 변화하는지 생각해 보자.

　운동에 의해서 결코 변화하지 않는 물리량이나 법칙(식의 형태를 포함해서)이 있다. 여기에 이론적 근거를 부여하는 것이 상대성이론(상대론)이라는 사고방식이다.

　상대성이론에는 '특수상대성이론'과 '일반상대성이론'이 있다. 전자는 기본적으로 관성계(관성의 법칙이 성립하는 좌표계)만을 다룬다는 의미에서 '특수'이고, 후자는 가속도를 가지는 '일반' 좌표계(비관성계)를 포함한 것이다. 제5강에서는 특수상대성이론을, 제8강에서는 일반상대성이론을 소개할 것이다.

갈릴레이 변환의 모든 것

공간좌표(x, y, z)를 단순화시켜 x축만 있는 1차원으로 생각해 보자. 시간과 공간을 아울러 시공간이라고 하는데, 이것은 공간 x와 시간 t의 조합 (x, t)이고 '어떤 순간, 어떤 장소에서'라는 시공간의 '한 점'을 나타낸다. '관성계 $K(x, t)$'라고 쓸 때는 (x, t)라는 점의 집합을 의미한다. 또 이 기호들에 프라임$(')$을 찍으면 다른 관성계 $K'(x', t')$를 나타내기로 한다.

본강의 서두에서 언급한 '운동에 의해서 결코 변화하지 않는 물리량이나 법칙'을 관성계 K에서 K' 또는 K'에서 K라는 좌표 변환에 대해 '불변'이라고 표현한다. 또 관성계 간에 이루어지는 좌표 변환은 이제부터 단순히 '변환'이라고 하기로 한다.

이 책에서는 관성계 K에서 봤을 때 K'의 x축 방향의 상대속도를 v라고 정한다. 물론 K'에서 봤을 때 K의 상대속도는 $-v$가 되는데, 단순히 상대속도라고 할 때는 v라고 한다. 또 $x=0$, $t=0$인 K에서 시공간의 '원점'은, K'에서 시공간의 원점 $x'=0$, $t'=0$과 일치한다. K에서 K'의 이동을 보면 $x'=0$은 항상 $x=vt$ 위치에 있다. 여기까지는 상대성이론에서도 수정할 필요가 없는 전제이다.

관성계 K의 x축 상에 한 점 x를 취한다. 관성계 K'에서 이 한 점에 대응하는 위치 x'는 K에서 K'의 이동거리 vt를 x에서 빼서 구할 수 있을 것이다. 이 추론에서 두 관성계 사이에 시간은 암묵적으로 불변한다고 가정한다. 이 내용을 식으로 나타내면 다음과 같다.

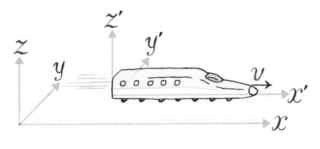

그림 5-1 **두 관성계.**

$$x'=x-vt, \quad t'=t \qquad\qquad \cdots \text{①}$$

　어떤 관성계에서 나타나는 운동을 식 ①에 따라 다른 관성계에서 나타내는(변환하는) 것을 '갈릴레이 변환'이라고 한다. 식 ①의 갈릴레이 변환이 옳은 것처럼 보일 수도 있지만 두 식은 상대성이론에서 모두 수정될 것이다. 근본적인 원인은 '시간은 불변'이라는 암묵적인 가정에 있었다. 변환에서 시간의 길이가 변한다면 나중에 설명하듯이 공간의 길이(거리)도 바뀌기 때문이다.

　상대성이론에서는 시간과 공간을 동등하게 다루기 때문에 시간 변화와 위치 변화 모두를 가리켜 '변위'라고 한다. 변위를 시간과 공간으로 구별할 때는 '시간 변위'와 '공간 변위'라고 한다. 또 이 책에서는 '시각'이라는 표현을 사용하지 않는다. $t=0$에서 측정하면 시각 t와 시간 t가 같은 개념이기 때문이다.

　관성계 $K(x, t)$에서 (x_1, t_1), (x_2, t_2)의 두 점을 취하고 $\Delta x \equiv x_2 - x_1$, $\Delta t \equiv t_2 - t_1$라는 변위를 정의한다($\Delta$를 붙여 변위를 나

타낸다). 이 두 점의 좌표를 각각 갈릴레이 변환해서 관성계 $K'(x', t')$에서 (x'_1, t'_1), (x'_2, t'_2)인 두 점을 정하자. 식 ①에 의해 다음 관계식을 얻을 수 있다.

$$x'_1 = x_1 - vt_1, \quad t'_1 = t_1$$
$$x'_2 = x_2 - vt_2, \quad t'_2 = t_2$$

그리고 $\Delta x' \equiv x'_2 - x'_1$, $\Delta t' \equiv t'_2 - t'_1$라는 변위를 정의하면 위의 식을 이용해서 다음과 같은 식이 된다.

$$\Delta x' \equiv x'_2 - x'_1 = (x_2 - vt_2) - (x_1 - vt_1)$$
$$= (x_2 - x_1) - v(t_2 - t_1) = \Delta x - v\Delta t$$
$$\left. \Delta t' \equiv t'_2 - t'_1 = t_2 - t_1 = \Delta t \right\} \cdots ②$$

식 ②를 '변위의 갈릴레이 변환'이라고 하자. 이 변환식은 앞으로 설명할 속도나 가속도를 변환할 때 유용하다.

'운동법칙'의 불변성

관성계 간에는 다음과 같은 중요한 성질이 있다.

> 3차원 공간의 관성계는 모두 동등하며, 운동법칙은 관성
> 계 간 갈릴레이 변환에 대해 불변이다.

이것을 '갈릴레이-뉴턴의 상대성원리'라고 한다. 뉴턴이 발견한
운동법칙(제4강)은 이 원리를 따른다. 운동법칙이 식 ①의 갈릴레이
변환에 대해 불변인 것을 실제로 확인해 보자.

어떤 동일한 물체의 속도, 즉 시간 변위당 공간 변위를 측정하자
관성계 K에서는 u, 관성계 K'에서는 u'였다고 한다. 속도의 정의
(제4강 식 ③)에 따라 $u \equiv \dfrac{\Delta x}{\Delta t}(\Delta t \to 0)$이다. u'는 변위의 갈릴레이
변환(식 ②)을 사용하면 다음과 같이 된다.

$$u' \equiv \frac{\Delta x'}{\Delta t'} = \frac{\Delta x - v\Delta t}{\Delta t} = \frac{\Delta x}{\Delta t} - v = u - v$$

계속해서 관성계 K의 두 점에서의 속도를 각각 u_1, u_2로 하고,
관성계 K'에서 대응하는 두 점에서의 속도를 각각 u'_1, u'_2으로 한
다. 여기에서 얻은 '속도의 변환식' $u' = u - v$에서 $u'_1 = u_1 - v$, $u'_2 = u_2 - v$가 된다. 그러면 $\Delta u' \equiv u'_2 - u'_1$, $\Delta u \equiv u_2 - u_1$라는 속도
변화를 생각해 보자.

또 물체의 가속도, 즉 시간 변위당 속도 변화를 측정하면 관성계 K에서는 a, K'에서는 a'였다고 가정한다. 가속도의 정의(제4강 식 ⑤)에 따라 $a \equiv \dfrac{\Delta u}{\Delta t}\,(\Delta t \to 0)$이다. 속도의 변환식을 사용하면 a'는 다음과 같다.

$$a' \equiv \frac{\Delta u'}{\Delta t'} = \frac{u'_2 - u'_1}{\Delta t'} = \frac{(u_2 - v) - (u_1 - v)}{\Delta t}$$

$$= \frac{(u_2 - u_1) - (v - v)}{\Delta t} = \frac{\Delta u}{\Delta t} = a$$

여기에서 얻은 '가속도의 변환식' $a' = a$에는 상대속도 v가 포함되지 않았다는 점에 주의하자. 즉 상대속도 v에 상관없이 관성계 간에는 변하지 않는다는 불변성이 가속도에 대해서 성립한다.

제4강에서 설명한 뉴턴의 운동방정식에 나타나는 물리량 중 질량과 가속도가 불변이기 때문에 둘의 곱인 힘도 불변이 되어, '운동법칙' 자체의 불변성을 확인할 수 있었다.

본강에서 설명하는 특수상대성이론에서는 변환에 의해 시간이 바뀌기 때문에 힘의 정의를 수정할 필요가 생긴다(제9강). 또 속도 변환은 문제가 없지만 가속도가 되면 특수상대성이론에서 다루기에는 한계가 있어 일반상대성이론이 필요해진다. 그렇지만 운동법칙을 불변으로 유지한다는 요청은 상대성이론의 전제가 된다.

갈릴레이 변환을 이용한 '속도의 합성법칙'

이번에는 두 관성계에서 측정한 속도의 관계를 살펴보자. 어떤 물체가 관성계 K' 상에서 x' 축 방향으로 속도 w로 운동할 때, $x'=wt'$가 성립한다. 이 $x'=wt'$에 식 ① $x'=x-vt$, $t'=t$를 대입하면 $x-vt=wt$가 된다. 좌변의 제2항을 우변으로 이항하면 $x=wt+vt=(w+v)t$를 얻을 수 있다. 관성계 K에서 측정한 물체의 속도 $u=\frac{x}{t}$는 다음과 같다.

$$u=w+v \qquad\qquad\qquad\qquad\qquad \cdots ③$$

요컨대 관성계 K에서는 관성계 K' 상의 물체 속도 w에 상대속도 v를 더하면 된다. 식 ③이 갈릴레이 변환 하에서의 '속도의 합성법칙'이다. 앞에서 한 '속도의 변환식' $u'=u-v$으로 하면 $u'=w$식 ③과 같아진다.

예를 들어 속도 v로 운동하는 지구 표면에서 지구가 달리고 있는 방향과 같은 방향으로 속도 w로 달리는 사람이 있다고 가정하자. 태양에서 보면 그 사람의 속도 u는 $u=v+w$가 된다. 그리고 지구의 공전속도는 29.78km/s나 된다.

천동설을 믿었던 사람들은 만약 지구가 움직인다면 그 위에 있는 사람은 떨어져나갈 것이라고 생각했다. 분명 속도 u는 매우 빠르다. 따라서 그들은 사람이 떨어져나가지 않는다는 것이 지구가 멈춰 있다는 증거라고 주장했다. 이 주장을 논파하려면 어떻게 해야 할까?(☆)

갈릴레이 변환에서의 사교좌표계

시공간을 다룰 때 시간을 세로축으로, 공간을 가로축으로 나타내는 그래프를 만들면 이해하기 쉽다. 갈릴레이 변환에서는 별로 필요성을 느끼지 못하겠지만 상대성이론에서 시공간의 대칭성을 다룰 때 위력을 발휘하는 만큼 미리 그 사용법에 익숙해지면 좋을 것이다.

시간축과 공간축을 거리 단위로 맞춰두면 2차원공간을 나타내는 그래프와 동일하게 다룰 수 있어 편리하다. 시간 쪽에는 속도상수인 빛의 속도 c를 곱해서 ct로 한다. 이와 같은 그래프를 '시공간 그래프'라고 하자. 또 축의 스케일(척도)은 임의로 할 수 있는데 갈릴레이 변환에서는 어떤 속도를 곱해도 된다. 식에서는 지금까지와 마찬가지로 (x, t)도 사용하지만, 시공간 그래프의 좌표에서는 (x, ct) 표기로 바꿔 넣는다.

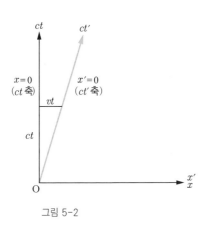

그림 5-2

먼저 관성계 K의 점 (x, ct)을 시공간 그래프로 나타내기 위해서 x축을 수평 오른쪽 방향, ct축을 수직 위쪽 방향으로 취한 '직교좌표계'를 이용한다(그림 5-2). 갈릴레이 변환에서는 좌표계 (x, ct)가 (x', ct')로 변환되기 때문에 그에 따라 좌표축도 달라진다. 그래서 x'축과 ct'축이 시공간 그래프에서 어떤 식으로 변하는지를 알아보자.

x축은 $ct = 0$이라는 점의 집합이므로 $t' = t$에 의해 x축상에서는 항상 $ct' = 0$이 성립한다. 이 $ct' = 0$은 x'축을 나타내므로 x'축과 x축은 일치하게 된다.

이번에는 ct'축을 구해 보자. ct'축은 $x' = 0$이라는 점의 집합이다. 갈릴레이 변환(식①)에 의하면 $x = vt = \frac{v}{c}(ct)$을 충족시킬 때 항상 $x' = 0$이 성립한다. 즉 $ct = \frac{c}{v}x$라는 비스듬한 직선이 ct'축이 된다. 그래프를 눕혀서 보면 ct'축은 ct축을 $\frac{v}{c}$의 비율 x축 쪽으로 기울인 직선이다.

이 그래프를 눕혀서 보는 것은 특수상대성이론의 시공간 그래프에서 도움이 되므로 기억해두기 바란다.

이렇게 해서 좌표계 (x', ct')는 그림과 같은 사교좌표계가 됨을 알 수 있었다.

특수상대성원리

빛의 실체는 전기장과 자기장의 주기적 변화가 전파되는 전자기 파이다. 맥스웰[James Clerk Maxwell, 1831~1879]이 확립한 전자기의 기본법칙에 의하면 전기장에 대해서 물질 속 분극(플러스와 마이너스로 나누는 것)의 정도를 나타내는 유전율(ε : 그리스어로 엡실론)과, 자기장에 대해 물질 속 자화(N극과 S극으로 나뉘는 것)의 정도를 나타내는 투자율(μ : 그리스 문자 뮤)에 의해서 빛이 전달되는 속력(빛의 속도)이 결정된다($c^2 = \dfrac{1}{\varepsilon\mu}$). 또 진공의 유전율과 투자율은 일정하기 때문에 빛의 속도는 진공 속에서 일정값 c가 된다.

갈릴레이 변환에 근거하는 식 ③에 의하면 빛의 속도 c의 값은 관측자와 광원의 상대속도 v에 따라 달라져야 한다. 반면 유전율과 투자율의 값을 측정했다고 가정하면 빛의 속도는 광원의 운동 상태와 상관없이 일정해진다. 이것은 분명한 모순이다. 즉 물리학의 근간을 이루는 역학과 전자기학이 양립하지 못하는 관계에 빠지게 된 것이다.

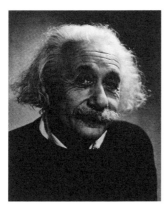

그림 5-3 **1946년의 아인슈타인.**

맥스웰의 말년에 태어난 아인슈타인(그림 5-3)은 망설임 없이 전자기학 쪽이 옳다고 직감했다. 즉 전자기학의 법칙과 그것이 유도하는 빛의 속도는 관성계 간 변환에서도 달라져서는 안 된다는 것이다. 이것이 '광속불변의 원리'이다. 이 원리를 충족시키기 위해서는 역학 쪽을 수정하고 갈릴레이 변환 대신 새로운 변환규칙이 필요할 수밖에 없었다. 이 새로운 변환규칙은 로렌츠 Hendrik Lorentz, 1853~1928의 선견지명에 경의를 표하는 의미에서 로렌츠 변환이라고 명명되었다.

아인슈타인은 역학과 전자기학의 근본적인 모순을 해결하기 위해서는 광속불변의 원리와 함께 다음의 것이 기본원리로 전제되어야 한다고 생각했다.

4차원 시공간의 관성계는 모두 동등하며 모든 물리법칙
은 관성계 간 로렌츠 변환에 대해 불변이다.

이것이 '특수상대성원리'이다. 4차원 시공간이란 3차원 공간 (x, y, z)과 시간 t(또는 ct)를 더한 것이다.

앞에서 나온 갈릴레이-뉴턴의 상대성원리와 비교하면서 다시 살펴보면 세 가지 차이점을 알 수 있을 것이다.

첫 번째는 '3차원 공간'이 '4차원 시공간'으로, 두 번째는 '운동법칙'이 '모든 물리법칙'으로, 세 번째는 '갈릴레이 변환'이 '로렌츠 변환'으로 바뀌었다.

이 중 첫 번째는 앞에서 서술했듯이 변환에 의한 시간 변화를 도입한 결과이다. 두 번째는 전자기학의 법칙을 비롯한 물리법칙이 변환에 대해 불변하게 유지될 것을 요구한다. 이것을 '로렌츠 불변성'

이라고 한다. 빛의 속도는 전자기학의 법칙에서 유도되기 때문에 변환에 대해 불변해야만 한다. 세 번째는 지금부터 설명할 것이다.

상대속도 v가 빛의 속도 c보다 충분히 느리다는 것을 '$v \ll c$'라는 기호로 나타내고(부등호를 이중으로 해서 강조), 그 극한을 '$\frac{v}{c} \rightarrow 0$'이라고 쓴다. 이 극한은 20세기에 등장한 아인슈타인의 상대성이론과 대비해서 '고전역학의 극한'이라고 하자.

로렌츠 변환 유도

로렌츠 변환을 유도하는 여러 가지 방법 중 여기에서는 역학 강의용으로 내가 준비한 방법을 소개한다.

어떤 관성계 $K(x, y, z, t)$에 대해서 x축 방향으로 상대속도 v로 운동하는 다른 관성계 $K'(x', y', z', t')$를 생각한다. 광속불변의 원리를 충족시킬 수 있도록 관성계 K에서 관성계 K'로 바뀌는 변환식을 구해 보자.

먼저 $x=0$, $t=0$일 때 $x'=0$, $t'=0$이었다. 변환식에는 다음과 같은 제한이 있다.

1 $x'=0$은 항상 $x=vt$ 위치에 있다.
2 $v=0$에서는 원래 상대운동이 없기 때문에 항상 $x'=x$, $t'=t$가 된다.
3 고전역학의 극한에서 $x'=x-vt$, $t'=t$(갈릴레이 변환)가 된다.

이 세 가지 조건을 충족시키는 변환식은 다음과 같이 나타낼 수 있다.

$$x' = \gamma(v)(x-vt) \qquad \cdots ④$$

이와 같이 $(x-vt)$를 1차식 형태로 포함시킴으로써 1과 3의 조건이 충족된다. 우변에 나타나는 상대속도 v의 함수 $\gamma(v)$은 상대성이론에 나오는 고유한 함수이다. 이 $\gamma(v)$의 형태를 정하는 것을 목표로 하자.

먼저 위에 나오는 2의 조건에 따라 $\gamma(0)=1$이다. 또 3의 조건에 따라 $\frac{v}{c} \to 0$의 극한에서 $\gamma(v)=1$가 된다.

관성계 K'의 진행 방향을 반대로 하는 것은 식 ④에서 v를 $-v$로 치환하는 것이므로 $x'=\gamma(-v)(x+vt)$이 된다. 이 효과는 영상을 역재생하는 것과 같아서 식 ④에서 시간 t의 부호만 반전시키면 $x'=\gamma(v)(x+vt)$이 된다. 그런데 $\gamma(-v)(x+vt)=\gamma(v)$ $(x+vt)$이 $(x+vt)$의 값과 상관없이 항상 성립하기 위해서는 다음 식과 같이 $\gamma(v)$은 우함수(제2강)여야만 한다.

$$\gamma(-v)=\gamma(v) \qquad\qquad \cdots ⑤$$

계속해서 관성계 K'에서 K로의 '역변환'을 생각해 보자. K'에서 봤을 때 K의 상대속도는 x축 방향으로 $-v$이다. 특수상대성원리에 의하면 변환식이라는 법칙 자체도 불변이기 때문에, 역변환은 원래의 변환과 형태가 같은 식이어야 한다. 그래서 식 ④의 (x, ct)와 (x', ct')를 양변에 서로 바꿔 넣고 다시 v를 $-v$로 치환해서 역변환 식을 얻는다.

$$x=\gamma(-v)(x'+vt')=\gamma(v)(x'+vt') \qquad \cdots ⑥$$

식 중간에 나오는 $\gamma(-v)$에 식 ⑤를 사용했다. 한편 광속불변의 원리에 의하면 어떤 관성계에서 측정하든 빛의 속도는 동일한 값 c

여야만 한다. 그것을 나타내는 $x=ct$와 $x'=ct'$를 식 ④에 대입하면 다음 식을 얻는다.

$$ct' = \gamma(v)(ct - vt) = \gamma(v)\left(1 - \frac{v}{c}\right)ct \qquad \cdots ⑦$$

또 역변환인 식 ⑥에 $x=ct$와 $x'=ct'$를 대입하면 다음 식을 얻는다.

$$ct = \gamma(v)(ct' + vt') = \gamma(v)\left(1 + \frac{v}{c}\right)ct'$$

$$= \gamma(v)^2\left(1 + \frac{v}{c}\right)\left(1 - \frac{v}{c}\right)ct = \gamma(v)^2\left(1 - \frac{v^2}{c^2}\right)ct \quad \cdots ⑧$$

식 중간에 나오는 ct'에 식 ⑦을 대입했다. 식 ⑧이 ct의 값과 상관없이 항상 성립하기 위해서는 다음 식이 성립해야만 한다.

$$\gamma(v)^2\left(1 - \frac{v^2}{c^2}\right) = 1 \text{ 에서,}$$

$$\gamma(v)^2 = \frac{1}{1 - \dfrac{v^2}{c^2}}$$

$\gamma(v)$에는 플러스와 마이너스가 모두 가능성이 있는데, $\gamma(v)$가 마이너스일 때는 $\gamma(0)=1$를 충족시키지 못하기 때문에 $\gamma(v)$은 플러스여야만 한다. 또 $\gamma(v)$이 플러스인 쪽은 $\frac{v}{c} \to 0$의 극한에서 $\gamma(v)=1$가 되기 때문에 구하는 해이다.

$$\therefore \gamma(v) = \frac{1}{\sqrt{1 - \dfrac{v^2}{c^2}}} \qquad\qquad \cdots \text{⑨}$$

이렇게 해서 식 ④의 변환식을 정할 수 있었다. 이제 마지막으로 식 ⑥으로 t'를 풀면 된다.

$x = \gamma(v)x' + \gamma(v)vt'$에서, 이항하면 $\gamma(v)vt' = x - \gamma(v)x'$ 이므로 다음 식을 얻는다. 그리고 $\gamma(v)$을 단순하게 γ라고 쓰기로 한다.

$$t' = \frac{1}{\gamma v}(x - \gamma x') = \frac{1}{\gamma v}\{x - \gamma^2(x - vt)\}$$

$$= \frac{1}{\gamma v}(x - \gamma^2 x + \gamma^2 vt) = \frac{1}{\gamma v}x - \frac{\gamma}{v}x + \gamma t$$

$$= \gamma t - \frac{\gamma}{v}\left(1 - \frac{1}{\gamma^2}\right)x = \gamma t - \frac{\gamma}{v}\frac{v^2}{c^2}x$$

$$= \gamma\left(t - \frac{v}{c^2}x\right) \qquad\qquad \cdots \text{⑩}$$

식 중간에 나오는 x'에 식 ④를 대입했다. 또 식 ⑨를 변형해서 얻을 수 있는 관계식 $1 - \dfrac{1}{\gamma^2} = \dfrac{v^2}{c^2}$을 마지막 부분에 이용했다. 식 ④, 식 ⑨, 식 ⑩을 정리하면 다음 식을 얻는다.

$$\begin{cases} x' = \dfrac{x - vt}{\sqrt{1 - \dfrac{v^2}{c^2}}}, \ t' = \dfrac{t - \dfrac{v}{c^2}x}{\sqrt{1 - \dfrac{v^2}{c^2}}} \\[4ex] y' = y \\[2ex] z' = z \end{cases} \quad \cdots ⑪$$

그리고 y와 z방향으로는 관성계의 이동이 발생하지 않기 때문에 식 ④에서 $v=0$이라고 했을 때와 같다.

식 ⑪이 로렌츠 변환식이다. 이것은 단순한 식이라기보다 '상대성 이론이라는 아이디어' 자체를 반영한 것으로, 다음 내용에서 차분히 그 사고방식을 음미해 보기 바란다.

로렌츠 변환의 의미

상대속도 v가 빛의 속도보다 충분히 느린 고전역학의 극한에서는 식 ⑪의 $\frac{v}{c^2}$이나 $\frac{v^2}{c^2}$를 근사적으로 0으로 하면, 분모가 1이 되어 x' $=x-vt$, $t'=t$(갈릴레이 변환)가 된다.

한편 상대속도 v는 빛의 속도를 넘어서면 ($v>c$), 식 ⑪의 제곱근 안의 값이 마이너스가 되기 때문에 시간과 공간에서 이루어지는 현상에서는 있을 수 없는 '허수'가 되어 버린다. 또 상대속도 v가 빛의 속도가 되면 ($v=c$), 식 ⑪의 분모가 0이 되어 x와 t가 유한하더라도 x'와 t'는 무한대가 되기 때문에 허용할 수 없다. 즉 상대속도가 빛의 속도에 도달하지 못한다는 것은 특수상대성이론의 결과였지 미리 전제로 한 것은 아니었다.

단 $v=c$가 성립할 만한 특별한 경우가 있다. 그것은 빛의 전파(파동이 퍼지는 것)와, 중력을 전달하는 중력파의 전파이다. 중력파에 대해서는 이 책의 자매편 《과학이라는 사고-아인슈타인의 우주》의 제8강에 자세한 설명이 있으니 궁금하다면 읽어보기 바란다.

여기에서는 '$v \rightarrow c$'라는 극한을 '빛의 극한'이라고 부르기로 하자. 단순히 $v=c$를 $x=vt$에 대입하는 것과 달리, 빛의 극한은 특별한 물리현상을 나타낸다는 점에 주의해야 한다.

빛의 전파에서는 어떤 관성계에서 보든 거리와 시간이 유한하기 때문에 빛의 극한 '$v \rightarrow c$'에서 x'와 t'가 유한하기 위해서는 식 ⑪에서 x'와 t'의 분자가 $x=ct$여야만 한다. 이렇게 중요한 관계식 '$x = ct$'는 빛의 궤적을 나타낸다(제9강).

계속해서 공간이나 시간의 '변위'를 생각하고, 변위의 갈릴레이 변환(식 ②)과 마찬가지로 계산하면 다음의 '변위의 로렌츠 변환'을 식 ⑪에서 구할 수 있다(☆).

$$\Delta x' = \frac{\Delta x - v\Delta t}{\sqrt{1 - \dfrac{v^2}{c^2}}}, \quad \Delta t' = \frac{\Delta t - \dfrac{v}{c^2}\Delta x}{\sqrt{1 - \dfrac{v^2}{c^2}}} \qquad \cdots ⑫$$

어떤 관성계에서 시간과 공간 중 한쪽만 변화해도 다른 관성계에서는 시간과 공간이 모두 변화하는 것을 알 수 있다. 식 ⑫의 변환식은 운동량과 에너지를 유도할 때나 그것들을 변환할 때 도움이 된다(제6강).

로렌츠 변환 하에서 '속도의 합성법칙'

물체 또는 빛이 관성계 K'에서 x'축 방향으로 속도 w로 운동할 때 $x'=wt'$가 성립한다. 관성계 K에서는 w가 로렌츠 변환(식 ⑪) 하에서 어떤 식으로 변할까? 지금까지 했던 것처럼 두 관성계의 상대속도를 v라고 한다.

$$x' = wt' \text{에서}$$

$$x' = \frac{x-vt}{\sqrt{1-\frac{v^2}{c^2}}}, \ \ t' = \frac{t-\frac{v}{c^2}x}{\sqrt{1-\frac{v^2}{c^2}}} \text{ 을 대입하면}$$

$$\frac{x-vt}{\sqrt{1-\frac{v^2}{c^2}}} = \frac{w\left(t-\frac{v}{c^2}x\right)}{\sqrt{1-\frac{v^2}{c^2}}}$$

$$\therefore x-vt = wt - \frac{vw}{c^2}x$$

x와 t를 포함한 항을 각각 이항하면 $x+\frac{vw}{c^2}x = wt + vt$, $\left(1+\frac{vw}{c^2}\right)$ $x = (w+v)t$에 의해 $x = \frac{w+v}{1+\frac{vw}{c^2}}t$을 얻을 수 있다. 관성계 K에서 측정한 물체의 속도 $u = \frac{x}{t}$은 다음과 같다.

$$u = \frac{w+v}{1+\frac{vw}{c^2}} \qquad\qquad \cdots ⑬$$

이것이 로렌츠 변환 하에서 '속도의 합성법칙'이다.

또 $v \ll c$와 $w \ll c$가 동시에 성립할 때는 식 ⑬의 분모가 근사적으로 1이 되어 $u = w + v$을 얻을 수 있고, 갈릴레이 변환 하에서 속도의 합성법칙(식 ③)이 된다.

또 빛이 속도 $w = c$로 전파될 때 식 ⑬에 $w = c$를 대입하면 다음 식처럼 된다.

$$u = \frac{c+v}{1+\frac{vc}{c^2}} = \frac{c(c+v)}{c\left(1+\frac{v}{c}\right)} = \frac{c(c+v)}{c+v} = c$$

관성계 K' 상의 광원에서 출발한 빛($w = c$)은 어떤 관성계 K에서 봐도 빛의 속도($u = c$)로 전달된다. 이것으로 전제에서 사용한 광속불변이 확인된다.

여기서 광속불변은 상대속도 v에 상관없이, 예를 들어 $v \rightarrow -v$와 치환해도 성립한다는 점에 주의하자. 즉 빛의 속도에 대해서는 어떤 상대속도를 더하든($+v$) 빼든($-v$) 빛의 속도이다. 식 ⑬은 그 자체를 보증하는 형태가 된다.

로렌츠 변환 하에서 '속도의 변환식'

갈릴레이-뉴턴의 상대성원리에 이어 설명한 '속도의 변환식'을 로렌츠 변환 하에서 수정해 보자.

동일한 어떤 물체의 속도를 측정했더니 관성계 K에서는 u, 관성계 K'에서는 u'였다고 가정한다. 속도의 정의에서 $u \equiv \dfrac{\Delta x}{\Delta t}$ ($\Delta t \to 0$)이다. u'는 변위의 로렌츠 변환(식 ⑫)을 사용하면 다음과 같다.

$$u' \equiv \frac{\Delta x'}{\Delta t'} = \frac{\Delta x - v\Delta t}{\sqrt{1 - \dfrac{v^2}{c^2}}} \cdot \frac{\sqrt{1 - \dfrac{v^2}{c^2}}}{\Delta t - \dfrac{v}{c^2}\Delta x}$$

$$= \frac{\Delta x - v\Delta t}{\Delta t - \dfrac{v}{c^2}\Delta x} = \frac{\dfrac{\Delta x}{\Delta t} - v}{1 - \dfrac{v}{c^2}\dfrac{\Delta x}{\Delta t}} = \frac{u - v}{1 - \dfrac{vu}{c^2}}$$

이 식은 로렌츠 변환 하에서 '속도의 합성법칙'인 식 ⑬과 동일하다. 앞의 설명에서 $u' = w$라고 했으므로 다음 식처럼 변형하면 된다.

$$w = \frac{u - v}{1 - \dfrac{vu}{c^2}} \text{ 에서}$$

$$w - \frac{vu}{c^2}w = u - v \text{ 이 되고}$$

$$w + v = \left(1 + \frac{vw}{c^2}\right)u \quad \therefore u = \frac{w + v}{1 + \dfrac{vw}{c^2}}$$

복습삼아 관성계 K'에서 관성계 K로의 '역변환'을 생각하면, 위의 계산은 식 ⑬의 u와 w를 서로 바꿔 넣고, 다시 v를 $-v$로 치환하면 곧 $w = \dfrac{u - v}{1 - \dfrac{vu}{c^2}}$의 식을 얻을 수 있다.

로렌츠 변환 하에서 사교좌표계

앞에서 갈릴레이 변환 하에서의 시공간 그래프를 설명했는데, 로렌츠 변환 하에서의 시공간 그래프는 어떻게 될까? 이 새로운 시공간 그래프가 특수상대성이론의 시공간을 이해하는 데 도움이 될 테니 확인해 보자.

먼저 ct'축이 ct축을 $\dfrac{v}{c}$의 비율로 x축 방향으로 기울인 직선인 것은 앞에서 말한 갈릴레이 변환과 동일하다.

계속해서 x'축을 구해 보자. x'축은 $ct'=0$이라는 점의 집합이다. 로렌츠 변환의 t'에 관한 식 ⑪에 $t'=0$을 대입하면 $0=\dfrac{t-\dfrac{v}{c^2}x}{\sqrt{1-\dfrac{v^2}{c^2}}}$ 이므로 $t-\dfrac{v}{c^2}x=0$이 된다. 즉 $t=\dfrac{v}{c^2}x$이므로 다음 식을 얻는다.

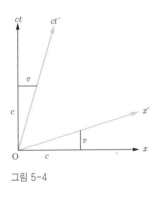

그림 5-4

$$\therefore ct=\frac{v}{c}x \quad \cdots ⑭$$

이것이 x'축을 나타내는 식이다. 또 x축을 $\dfrac{v}{c}$의 비율로 ct축 방향으로 기울인 직선이다. 이로서 로렌츠 변환에 의한 관성계 $K'(x', ct')$의 시공간 그래프는 시간축과 공간축이 모두 $\dfrac{v}{c}$의 비율로 비스듬하게 기울어졌음을 알 수 있었다(그림 5-4).

이 시공간 그래프에서는 공간축과 시간축이 원래의 직교좌표계에 대해서 대칭적으로 기울어져 있고, 특수상대성이론이 시공간을 대칭적으로 다룬다는 것을 기하학적으로 나타낸다.

'시간 지연'의 상대성

관성계 K에서 $x=0$인 위치에 놓인 시계로 측정한 시간이 $t=0$ 에서 $t=t_1(t_1>0)$까지 경과할 때, 관성계 K'에서 이 시계로 측정한 시간이 $t'=0$에서 $t'=t'_1$까지 경과 시간을 구해 보자(그림 5-5).

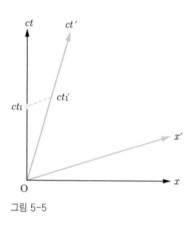

그림 5-5

물론 어느 쪽 관성계에 놓인 시계든 같은 성능을 갖고 있으며 $t=0$과 $t'=0$일 때로 동기화한다.

로렌츠 변환의 t'에 관한 식 ⑪에서, 좌변에 $t'=t'_1$을, 우변에 $t=t_1$, $x=0$을 대입하면 곧 다음 식을 얻을 수 있다.

$$t'_1 = \frac{t_1}{\sqrt{1-\dfrac{v^2}{c^2}}} > t_1$$

$\cdots$ ⑮

앞에서 말했듯이 관성계 사이의 상대속도 v는 빛의 속도 c에 이르지 못하기 때문에 반드시 $v<c$이다. 그러면 $0<\left(1-\dfrac{v^2}{c^2}\right)<1$이므로 $\sqrt{1-\dfrac{v^2}{c^2}}<1$이 되고 식 ⑮의 분모는 1보다 작기 때문에 $t'_1>t_1$ 가 성립한다.

즉 K'의 경과 시간보다 K에서의 경과 시간 쪽이 길어지는 것을 알 수 있다. 이 '시간 지연'은 상대론적 효과 중 하나이다.

이번에는 시간을 두 관성계에서 반대로 봤을 때의 '상대성'을 확인해 보자. 관성계 K'에서 $x'=0$이라는 일정 장소에 놓인 시계로 측정한 시간이 $t'=0$에서 $t'=t'_1$까지 경과할 때, 관성계 K에서 이 시간에 대응하는 $t=0$에서 $t=t_1$까지의 경과 시간을 구한다.

먼저 로렌츠 변환의 x'에 관한 식 ⑪에서 $x'=0$이라고 하면 $x=vt$가 된다. t'에 관한 식 ⑪에서 좌변에 $t'=t'_1$을, 우변에 $t=t_1$, $x=vt=vt_1$을 대입하면 다음 식을 얻을 수 있다.

$$
t'_1 = \frac{t_1 - \dfrac{v}{c^2}x}{\sqrt{1-\dfrac{v^2}{c^2}}} = \frac{t_1 - \dfrac{v}{c^2}vt_1}{\sqrt{1-\dfrac{v^2}{c_2}}} = \frac{t_1\left(1-\dfrac{v^2}{c^2}\right)}{\sqrt{1-\dfrac{v^2}{c^2}}}
$$

$$
= t_1\sqrt{1-\dfrac{v^2}{c^2}}
$$

따라서 다음 식과 같이 $t_1 > t'_1$이 성립한다.

$$
t_1 = \frac{t'_1}{\sqrt{1-\dfrac{v^2}{c^2}}} > t'_1 \qquad\qquad \cdots ⑯
$$

식 ⑮와 식 ⑯으로 알 수 있듯이 관성계 사이에서 경과 시간은 '서로' 지연된다. 즉 '시간 지연'이라는 현상은 상대론적이다.

'로렌츠 수축'의 상대성

이번에는 '시간 지연'에 대비해, 공간의 길이(거리)에는 어떤 변화가 생기는지 살펴보자.

시공간의 한 점이 시간적으로 변화해 가는 궤도를 '세계선'이라고 한다. 예를 들어 막대가 정지해 있을 때 그 막대상의 각 점이 모두 시간축과 평행하게 세계선을 그려나가기 때문에 막대 전체의 세계선은 띠(벨트) 모양이 된다(그림 5-6).

관성계 K' 위에 길이 l ($l > 0$)인 막대가 정지해 있다고 가정하자. 막대의 왼쪽 끝을 원점과 일치시켜 x' 축상에 놓으면 막대의 왼쪽 끝($x' = 0$)의 세계선은 ct' 축과 일치한다. 또 막대의 오른쪽 끝($x' = l$)의 세계선은 ct' 축과 평행해진다.

이 막대는 x' 축에 평행한 상태에

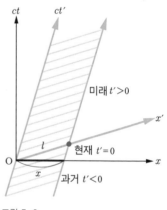

그림 5-6

서 시간의 경과에 따라 그림 5-6과 같이 위쪽($ct' > 0$)으로 평행하게 이동한다. 또 $ct' = 0$보다 과거로 거슬러 올라가면 아래쪽($ct' < 0$)으로 평행이동한다.

관성계 K에서 $t = 0$인 순간에 이 막대의 사진을 촬영했다고 가정하자. $ct = 0$은 x축이므로 막대 전체의 세계선인 '막대의 띠'를 x축으로 자른 셈이다. 그 절단면(그림 5-6의 굵은 선)의 길이가 K에서 관측되는 막대의 길이 x이다. 이 x를 구해 보자.

로렌츠 변환의 x'에 관한 식 ⑪에서 좌변에 $x'=l$를, 우변에 $t=0$을 대입하면 $l = \dfrac{x}{\sqrt{1 - \dfrac{v^2}{c^2}}}$ 가 되어 바로 다음 식을 얻을 수 있다.

$$x = l\sqrt{1 - \frac{v^2}{c^2}} < l \qquad\qquad \cdots ⑰$$

$\sqrt{1 - \dfrac{v^2}{c^2}} < 1$ 이므로 $x < l$이 성립한다.

즉 K에서 막대의 길이가 K'에서의 막대의 길이보다 짧아지는 것을 알 수 있다. 이것은 '로렌츠 수축'이라는 현상으로 상대론적 효과 중 하나이다.

이번에는 로렌츠 수축의 '상대성'을 확인해 보자. 관성계 K의 x축상에 길이 l인 막대가 정지해 있을 때 관성계 K'에서 $t'=0$인 순간에 이 막대의 사진을 촬영한다.

K'에서 관측되는 막대의 길이 x'를 구해 보자. 먼저 로렌츠 변환의 t'에 관한 식 ⑪에서 $t'=0$이라고 가정하면 $t = \dfrac{v}{c^2}x$가 된다. x'에 관한 식 ⑪에서 우변에 $x=l$, $t = \dfrac{v}{c^2}x = \dfrac{v}{c^2}l$을 대입하면 다음 식이 된다.

$$x' = \frac{l - vt}{\sqrt{1 - \dfrac{v^2}{c^2}}} = \frac{l - v\dfrac{v}{c^2}l}{\sqrt{1 - \dfrac{v^2}{c^2}}} = \frac{1\left(1 - \dfrac{v^2}{c^2}\right)}{\sqrt{1 - \dfrac{v^2}{c^2}}}$$

$$= l\sqrt{1 - \frac{v^2}{c^2}} < l \qquad\qquad \cdots ⑱$$

식 ⑰과 식 ⑱로 알 수 있듯이 거리는 관성계 사이에 '서로' 수축한다. 즉 '로렌츠 수축'이라는 현상은 상대론적이라는 뜻이다.

또 관성계 K'에 길이 l인 막대가 정지해 있을 때 $t=t_1>0$에 대응하는 수평선($ct=0$에 평행)에서 '막대의 띠'를 잘랐다고 해도 그 절단면의 길이가 식 ⑰과 다르지 않다는 것은 그림 5-6으로 알 수 있을 것이다. 식으로는 다음과 같이 하면 된다.

막대의 왼쪽 끝($x'=0$)과 오른쪽 끝($x'=l$)의 절단면이 관성계 K에서 각각 (x_1, ct_1)과 (x_2, ct_1)인 점에 대응한다고 가정하자. 먼저 $x'=0$에 의해 x'에 관한 식 ⑪에서 $x_1=vt_1$이 된다. 그리고 $x'=l$에 의해 x'에 관한 식 ⑪에서 좌변에 $x'=l$을, 우변에 $x=x_2$, $t=t_1$를 대입하면 다음 식을 얻을 수 있다.

$$l = \frac{x_2 - vt_1}{\sqrt{1 - \frac{v^2}{c^2}}} \text{ 에서 } x_2 = l\sqrt{1 - \frac{v^2}{c^2}} + vt_1$$

그리고 K에서 관측되는 막대의 길이 x가 구해지면 식 ⑰과 동일한 결과를 얻을 수 있다.

$$x = x_2 - x_1 = \left(l\sqrt{1 - \frac{v^2}{c^2}} + vt_1 \right) - vt_1 = l\sqrt{1 - \frac{v^2}{c^2}} < 1$$

문제 로렌츠 변환 하에서 시공간 그래프에서는 공간축과 시간축이 원래의 직교좌표계에서 대칭적으로 기울어져 있고, 특수상대성이론은 시간과 공간을 대칭적으로 다룬다. 한편 시간에는 '시간 지연'이 일어나고, 공간에는 '로렌츠 수축'이 일어난다. 이 두 가지 상대론적인 효과는 왜 '대칭'이 되지 않는 것일까?

답 (☆ 답은 제9강에)

불변량이란

일과 에너지

제4강에서는 물체의 운동을 생각할 때 '힘'에 주목했는데, 제6강에서는 주목할 물리량을 '일'과 '에너지'로 확장할 것이다. 또 상대론적인 운동량과 에너지부터 아인슈타인의 유명한 식 $E=mc^2$에 이르기까지의 발상을 짚어간다.

제5강에서 갈릴레이 변환과 로렌츠 변환을 설명했다. 이 변환들에 의해서 관성계 간에 값이 변하지 않는 물리량을 '불변량'이라고 한다. 예를 들어 가속도는 갈릴레이 변환에 대한 불변량이고, 빛의 속도는 로렌츠 변환에 대한 불변량이었다. 불변량은 상대성이론에서 핵심이 되는 물리량이기 때문에 새로운 불변량을 발견하는 것은 새로운 법칙을 발견하는 것이나 마찬가지라고 할 만큼 중요하다.

물체가 추진력을 받아 운동할 때 그 힘이 하는 '일^{work}'은 다음 식으로 정의할 수 있다. '마이너스 추진력'인 '저항력'이 속도와 반대 방향으로 작용할 때는 일도 마이너스 값을 갖게 된다.

$$일 ≡ [추진력(운동방향의 성분)] × 이동거리 \quad \cdots \; ①$$

에너지란 일뿐만 아니라 일로 변할 수 있는 것, 일로 변화한 것 등을 총칭하는 물리량이다. 요컨대 일은 에너지의 일부이다. 일이 아닌 에너지로는 예를 들어 '열'이 있다. 또 물체의 높이 등 '위치'에 의해서 정해지는 에너지를 위치에너지, 물체의 속력에 직접 관계하는 에너지를 운동에너지라고 한다.

특수상대성이론에 의하면 물체는 다음 식에서 나타내는 정지에너지를 갖는다(본강 마지막에 설명할 것이다).

$$정지에너지 = 질량 × [빛의 속도]^2 \qquad \cdots \; ②$$

식 ②의 정지에너지는 항상 플러스 값을 갖는다. 운동에너지나 열 또한 플러스 값만을 갖는다는 것은 고전역학에서 열역학을 지나 상대성이론에 이르러서도 당연한 것이었다. 하지만 이 발상은 상대론적 양자역학에서 수정된다(제10강).

변위와 일

물체의 위치가 시시각각 달라지는 운동을 정확하게 나타내기 위해서는 미소한 변화량(변위와 마찬가지로 Δ를 붙여 나타낸다)을 생각해볼 필요가 있다. 궤도상의 각 점에서 미소변위(미소한 공간변위) $\Delta\vec{r}$을 생각해 보자. 이 미소변위는 벡터(위에 화살표를 그려 나타낸다)이고, 그 방향(운동방향)은 궤도의 접선방향과 일치한다(그림 6-1). 또 Δr은 $\Delta\vec{r}$의 크기를 나타낸다.

다음 식과 같이 미소변위를 Δt로 나눈 벡터는 Δt가 충분히 작은 극한이고 따라서 순간 속도 $\vec{v}$ 이다.

$$\vec{v} = \frac{\Delta\vec{r}}{\Delta t} \quad (\Delta t \to 0) \qquad \cdots ③$$

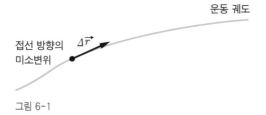

그림 6-1

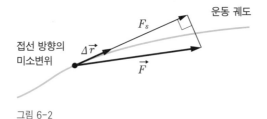

그림 6-2

식 ③에서 속도와 미소변위의 방향이 일치하므로 속도 또한 궤도의 접선방향과 일치하는 것을 알 수 있다.

그림 6-2와 같은 추진력 $\vec{F}$가 작용하고 있는 경우 접선방향의 힘의 성분을 F_s(첨자 s는 segment[선분]라는 뜻)라고 쓴다. 운동방향이 접선방향과 일치하기 때문에 F_s에 미소변위의 크기 Δr을 곱한 값을 식 ①에 따라 ΔW로 정의한다.

$$\Delta W \equiv F_s \Delta r \qquad\qquad \cdots ④$$

또한 접선방향으로 수직인 힘의 성분은 일을 하지 않기 때문에 그림에서도 생략했다.

헬름홀츠에 의한 보존원리

1847년 헬름홀츠[Helmholtz, Hermann von, 1821~1894]는 강연에서 운동에너지와 위치에너지의 총합(역학적 에너지라고도 한다)이 유지된다는 '에너지 보존법칙'을 확립했다. 그 강연의 연제는 〈힘의 보존에 관한 물리학적 논술〉이었는데 연제에 나오는 '힘의 보존'은 '역학적 에너지의 보존'을 의미한다. 이 강연록에서 '보존원리' 부분을 인용한다 (단 '활력'을 에너지로 치환하는 등 현대 용어로 바꾸었다).

> 이 원리의 수학적 표현을 구한다면 우리는 이것을 잘 알려져 있는 에너지 보존의 법칙으로 나타낼 것이다. 이미 알고 있다시피 일의 양은 정해진 어떤 높이 h로 들어 올린 질량 m으로 표현되는데 그것이 mgh이다. 여기에 g는 중력의 세기이다.

중력가속도를 g라고 하면 질량 m인 물체에 작용하는 중력은 mg이다. 중력을 거슬러 위로 향하는 힘 mg를 작용하여 물체를 높이 h까지 들어 올릴 때 이 힘이 하는 일은 식 ①에 따라 mgh가 된다.

> 질량 m인 물체가 수직으로 높이 h까지 자유롭게 올라가기 위해서는 $v=\sqrt{2gh}$의 속도가 필요하고 떨어질 때는 다시 이 속도에 도달한다. 그래서 $\frac{1}{2}mv^2=mgh$가 된다.

[중략] 나는 $\frac{1}{2}mv^2$가 되는 양을 에너지의 양이라고 이름 붙이기로 했다. 이렇게 함으로써 그것은 일의 양의 척도와 같아진다.

내용을 조금 보충해 보자. 공을 $v=\sqrt{2gh}$의 속도로 머리 위로 던지면 높이 h까지 올라가는 것은 실험을 통해 확인할 수 있다. 공이 높이 h에 도달하면 속도는 0이 되고 그 직후부터 아래로 떨어지기 시작한다. 다시 똑같은 위치로 떨어졌을 때 그 속도는 아래를 향해 $v=\sqrt{2gh}$가 된다.

이 v를 $\frac{1}{2}mv^2$에 대입하면 다음과 같다.

$$\frac{1}{2}mv^2 = \frac{1}{2}m\left(\sqrt{2gh}\right)^2 = \frac{1}{2}m(2gh) = mgh$$

'일이 하는 양의 척도'인 mgh는 높이 h에 대한 중력의 위치에너지이다. 따라서 운동에너지를 $\frac{1}{2}mv^2$으로 정의하면 이 위치에너지와 동일해지는 것을 알 수 있었다.

운동에너지의 변화와 일

이번에는 운동에너지와 일의 일반적인 관계를 살펴보자. 물체가 Δt에서 일정한 힘 F_s(접선방향의 성분)을 받아 운동하고, 그 사이에 점 A의 속도 v_A에서 점 B의 속도 v_B까지 변화했다고 하자. 속도는 항상 접선방향이므로 운동법칙(제4강의 식 ②)을 접선방향에서 생각하면 다음 식을 얻을 수 있다.

$$m\frac{(v_B - v_A)}{\Delta t} = F_s \qquad \cdots ⑤$$

점 A에서 점 B까지 이동했을 때 속도의 평균값(평균속도)은 v_A과 v_B를 더해서 2로 나누면 된다. 접선방향의 미소변위는 이 평균속도와 시간의 곱이므로 다음 식이 성립한다.

$$\Delta r = \frac{1}{2}(v_B + v_A)\Delta t \qquad \cdots ⑥$$

ΔW_{AB}을 정의하는 식 ④ $\Delta W_{AB} \equiv F_s \Delta r$에 식 ⑤와 식 ⑥을 대입하면 운동에너지의 변화량을 얻을 수 있다.

$$\begin{aligned}
\Delta W_{AB} &= m\frac{(v_B - v_A)}{\Delta t} \cdot \frac{1}{2}(v_B + v_A)\Delta t \\
&= \frac{1}{2}m(v_B - v_A)(v_B + v_A) \\
&= \frac{1}{2}mv_B^2 - \frac{1}{2}mv_A^2 \qquad \cdots ⑦
\end{aligned}$$

점 A의 운동에너지 K_A(K는 kinetic energy의 머리글자)와 점 B의 운동에너지 K_B를 다음 식으로 정의한다.

$$K_A \equiv \frac{1}{2}mv_A^2, \ K_B \equiv \frac{1}{2}mv_B^2$$

ΔW_{AB}이 플러스면 식 ⑦에 의해 $\Delta W_{AB} = K_B - K_A > 0$이므로 $K_B > K_A$가 되어 운동에너지는 커진다.

다음의 점 B에서 점 C까지의 이동하는 동안에 하는 일도 마찬가지로 운동에너지의 차로서 $\Delta W_{BC} = K_C - K_B$이다. 이하 마찬가지로 이들 일을 운동궤도를 따라 더해서 일의 총합 W를 구하면 도중의 각 점에서의 운동에너지가 각각 서로 소거되어 다음과 같은 식이 된다.

$$W \equiv \Delta W_{AB} + \Delta W_{BC} + \Delta W_{CD} + \cdots + \Delta W_{YZ}$$
$$= [K_B - K_A] + [K_C - K_B] + [K_D - K_C] + \cdots + [K_Z - K_Y]$$
$$= K_Z - K_A \qquad\qquad \cdots ⑧$$

식 ⑧에서 나타나듯이 추진력이 하는 일 W는 종착점 Z와 시작점 A의 운동에너지의 변화량 $K_Z - K_A$와 동등하다. 또 운동하는 도중에 힘(가속도)의 방향이나 크기가 변화해도 되기 때문에 일반 운동에 대해서 식 ⑧이 성립한다.

역학적 에너지 보존법칙

힘이 하는 일이 시작점과 종착점에서 위치에너지의 변화량만으로 정해질 때 그 힘을 보존력이라고 한다. '보존력이 하는 일'이란 위치에너지의 변화량이 전환된 일을 가리킨다. 중력은 보존력의 대표적인 예로 높은 곳에서 물체를 떨어뜨리면 그 고저 차에 비례하는 에너지를 얻을 수 있다. 이것이 '중력이 하는 일'이다.

위치에너지 U의 변화량이 전환된 일을 W라고 하면 U(시작점)$=U$(종착점)$+W$이고, $W = [U$(시작점)$-U$(종착점)$]$가 된다. 예를 들어 중력이 하는 일은 높은 위치가 시작점이고 낮은 위치가 종착점일 때 플러스 값이 된다($W > 0$). 구체적으로는 수력발전 등을 떠올리면 된다.

반대로 보존력에 역행해 일 W'를 할 때(예를 들어 중력에 역행해 무거운 물체를 들어 올릴 때), 그 일을 모두 위치에너지의 변화량으로 전환할 수 있다. 이때는 U(시작점)$+W' =U$(종착점)이고 위치에너지의 변화량은 $W' = [U$(종착점)$-U$(시작점)$]$가 된다. 즉 일의 출입에 따라 위치에너지의 시작점과 종착점의 순서가 반대가 되므로 주의해야 한다.

보존력은 위치에너지에 관련된 힘이기 때문에 다음 식과 같이 추진력을 보존력과 보존력이 아닌 힘으로 구분하기로 한다. 예를 들어 중력이나 전자기력은 보존력이고, 마찰력이나 공기저항은 '비보존력'이다.

추진력＝보존력＋비보존력　　　　　　　… ⑨

식 ⑨의 우변처럼 복수의 힘(벡터)을 더한 힘을 알짜 힘이라고 한다. 예를 들어 경사면 위를 미끄러지는 운동의 경우 물체에 작용하는 중력과 마찰력을 더한 알짜 힘이 경사면 아래쪽 방향을 향하는데 이것이 추진력이 된다. 단 중력은 보존력이고, 마찰력은 비보존력이다. 수직항력은 운동방향(경사면 아래쪽 방향)에 대해서 항상 수직으로 작용하기 때문에 일을 하지 않는다.

경사면의 운동에서 비존력이 작용하지 않는 경우에는 식 ①에 따라 식 ⑨에 이동거리를 곱하면 다음 식이 성립한다.

추진력이 하는 일＝보존력이 하는 일　　　… ⑩

추진력이 하는 일은 식 ⑧에 따라 [K(종착점)$-K$(시작점)]으로 나타낼 수 있다. 반면 보존력이 하는 일은 [U(시작점)$-U$(종착점)]이었다. 두 에너지 변화에서는 시작점과 종착점의 순서가 반대가 되는 것에 주의해야 한다. 왜냐하면 추진력이 하는 일은 운동에너지의 변화량으로 전환되지만, 보존력이 하는 일은 위치에너지의 변화량이 전환된 것이기 때문이다.

식 ⑩을 에너지로 치환하면 다음 식과 같다.

$$K(종착점)-K(시작점)=U(시작점)-U(종착점)$$

양변의 제2항끼리 이항해서 좌변에 '종착점'을, 우변에 '시작점'

을 정리하면 다음 식이 성립한다.

$$K(종착점) + U(종착점) = K(시작점) + U(시작점) \cdots ⑪$$

앞에서 설명했듯이 운동에너지 K와 위치에너지 U의 합은 역학적 에너지이다. 그러면 식 ⑪의 좌변은 종착점의 역학적 에너지를 나타내고 우변은 시작점의 역학적 에너지를 나타낸다. 또 위치에너지가 있는 한 시작점과 종착점은 공간의 어디에서나 임의로 취할 수 있다. 즉 언제 어디로 이동하든 역학적 에너지는 동일해진다. 이것이 '역학적 에너지 보존법칙'이며 $K + U = C$ (C는 상수)로 나타낼 수 있다. 역학적 에너지의 보존법칙은 보존력이 아닌 힘이 일을 하지 않는 한 반드시 성립하는 법칙이다.

불변식과 불변량

여기서부터는 상대론적 에너지를 유도하는 데 목표를 두고 단계적으로 필요한 설명을 추가할 것이다. 먼저 관성계 $K(x, ct)$와 관성계 $K'(x', ct')$에서 동일한 상수(const라고 한다)를 취하는 식에 주목한다. 결론부터 먼저 살펴보자. 또 간단하게 하기 위해서 $y'=y=0, z'=z=0$으로 한다.

$$c^2t'^2 - x'^2 = c^2t^2 - x^2 = \text{const.} \qquad \cdots ⑫$$

$c^2t^2 + x^2$은 시공간 그래프에서 원점과 좌표 간 거리의 제곱인데, 식 ⑫가 두 항의 '차'라는 것에 주의해야 한다. 대학에서 아인슈타인에게 수학을 가르쳤던 민코프스키[Hermann Minkowski, 1864~1909]는 1908년 시간축을 허수로 나타내면 두 항의 '합'으로 나타낼 수 있다는 것을 지적했다. 그것 자체는 새로운 물리법칙으로 이어지지 않았지만 민코프스키는 다음에 설명하는 고유시간이라는 발상을 처음 도입했다.

식 ⑫는 'c^2t^2과 x^2의 차의 값이 관성계에 상관하지 않는다'라는 의미이다.

이렇게 로렌츠 변환에 대해서 식의 값이 불변량이 되는 것을 '불변식'이라고 한다. 식 ⑫는 상대성이론에서 처음 밝혀진 '시공간의 불변식'이다.

식 ⑫의 증명은 좌변의 $c^2t'^2 - x'^2$에 로렌츠 변환식(제5강의 식 ⑪)

을 대입해서 다음과 같이 계산하면 된다.

$$c^2 t'^2 - x'^2 = c^2 \left(\frac{t - \dfrac{v}{c^2}x}{\sqrt{1 - \dfrac{v^2}{c^2}}} \right)^2 - \left(\frac{x - vt}{\sqrt{1 - \dfrac{v^2}{c^2}}} \right)^2$$

$$= \frac{1}{1 - \dfrac{v^2}{c^2}} \left(c^2 t^2 - 2tvx + \frac{v^2}{c^2}x^2 - x^2 + 2xvt - v^2 t^2 \right)$$

$$= \frac{1}{1 - \dfrac{v^2}{c^2}} \left(c^2 t^2 - x^2 - v^2 t^2 + \frac{v^2}{c^2}x^2 \right)$$

$$= \frac{1}{1 - \dfrac{v^2}{c^2}} \left\{ (c^2 t^2 - x^2) - \frac{v^2}{c^2}(c^2 t^2 - x^2) \right\}$$

$$= \frac{1 - \dfrac{v^2}{c^2}}{1 - \dfrac{v^2}{c^2}} (c^2 t^2 - x^2)$$

$$= c^2 t^2 - x^2$$

또 변위의 로렌츠 변환(제5강의 식 ⑫)을 사용하면 마찬가지로 다음의 불변식을 얻을 수 있다. 다음 식에서 정의되는 Δs 을 선소라고 한다.

$$\Delta s^2 \equiv c^2 \Delta t'^2 - \Delta x'^2 = c^2 \Delta t^2 - \Delta x^2 = \text{const.} \quad \cdots ⑬$$

식 ⑬에 의해 선소(및 그 제곱)는 로렌츠 변환에 대한 불변량이다.

관성계 $K(x, ct)$에서 빛의 전파를 나타내는 식 $\Delta x = c\, \Delta t$를 식 ⑬에 대입하면 $\Delta x' = c\, \Delta t'$ (광속불변을 의미하는 식)를 얻을 수 있고 $\Delta s = 0$이 된다. 즉 빛의 전파에 대한 선소는 관성계에 상관없이 항상 0이 된다.

고유시간이라는 불변량

이어서 중요한 불변량을 하나 더 도입해 보자. 그것은 '고유시간 proper time'이라는 변화량으로 물체상의 한 점에 고정된 관성계의 시간이다. 즉 물체에 '고유'한 시간이 고유시간이다.

이 '물체상 한 점에 고정된 관성계'는 지하철의 한 곳에 놓인 시계처럼 물체와 일체가 되어 운동하는 관성계 $K'(x', ct')$를 말한다. 지금까지는 관성계 K'가 먼저 제시되고 물체의 운동(예를 들어 속도 w)에 대해서 정식화해 왔다. 이제부터 고유시간이라는 개념을 사용할 때는, 대상으로 하는 물체를 먼저 정하고 그 물체 위에 관성계 K'를 고정한다는 점이 다르다.

고유시간 $\Delta\tau$(그리스문자 타우)은 이 K'상에서 $\Delta\tau \equiv \Delta t'$로 정의된다. 일반 관성계 K'와는 달리 물체상의 한 점에서 측정하기 때문에 항상 $\Delta x'=0$이 된다. $\Delta t'=\Delta\tau$와 $\Delta x'=0$을 식 ⑬에 대입하면 다음 식을 얻는다.

$$c^2\Delta\tau^2 = \text{const.} \qquad\qquad \cdots ⑭$$

식 ⑭에서 빛의 속도 c는 상수이므로 고유시간 $\Delta\tau$(및 그 제곱)도 관성계에 상관하지 않는 불변량인 것이 나타났다.

물체상에 고정된 관성계 K'에서는 앞에서 설명했듯이 항상 $\Delta x'=0$가 된다. 변위의 로렌츠 변환 $\Delta x'$에 관한 식(제5강 식 ⑫)에 $\Delta x'=0$를 대입하면 $0 = \dfrac{\Delta x - v\Delta t}{\sqrt{1 - \dfrac{v^2}{c^2}}}$ 이므로 다음 식을 얻는다.

$$\Delta x = v \Delta t \qquad \cdots \text{⑮}$$

식 ⑮를 '물체의 관계식'이라고 하자. 이 관계식은 '물체상의 한 점에 고정된 관성계'와 상대운동하는 관성계 K에 한해 성립한다는 점에 주의하자.

물체의 관계식을 식 ⑬의 우변에 대입해서 다시 변형해 본다.

$$c^2 \Delta \tau^2 = c^2 \Delta t^2 - \Delta x^2 = c^2 \Delta t^2 - (v \Delta t)^2 = (c^2 - v^2) \Delta t^2$$

즉 $\Delta t^2 = \dfrac{c^2}{c^2 - v^2} \Delta \tau^2 = \dfrac{\Delta \tau^2}{1 - \dfrac{v^2}{c^2}}$ 이 되고 $\Delta \tau$ 와 Δt 가 모두 같은 부호가 되도록 Δt 을 정하면 다음 식을 얻을 수 있다.

$$\Delta t = \frac{\Delta \tau}{\sqrt{1 - \dfrac{v^2}{c^2}}} > \Delta \tau \qquad \cdots \text{⑯}$$

여기에서 $\sqrt{1 - \dfrac{v^2}{c^2}} < 1$ 을 이용했다(제5강). 상대속도 v 로 운동하는 물체에 관해서 관성계 K에서 측정한 시간 Δt 는 그 물체의 고유시간 $\Delta \tau$ 보다 반드시 길어진다. 이 식 ⑯은 제5강 식 ⑯과 마찬가지로 '시간 지연'을 나타낸다.

상대론적 운동량의 정의

특수상대성이론에 의해서 시간이나 공간에 대한 개념이 근본적으로 바뀌었다. 예를 들어 갈릴레이 변환에서 일정했던 시간이나 힘은 더 이상 불변량이 아니게 되었고, 시간과 공간은 대칭적으로 다루어졌다. 그리고 빛의 속도, 선소, 고유시간이라는 새로운 불변량이 밝혀졌다. 또 운동량이나 에너지 같은 기본적인 물리량도 정의를 수정할 필요가 생겼다.

이제 준비가 되었으니 운동량에 대해 설명하려 한다. 상대론적 운동량은 물체의 고유시간 $\Delta\tau$ 당 공간 변위 Δx에 질량 m을 곱한 다음 식으로 정의된다.

$$p \equiv m\frac{\Delta x}{\Delta \tau} \quad (\Delta \tau \to 0) \qquad \cdots ⑰$$

식 ⑰을 뉴턴이 내린 운동량의 정의(제4강 식 ④)와 비교하면 시간 변위 Δt를 고유시간 $\Delta\tau$로 대신한 것만 다르다. 또한 운동량은 3차원 벡터지만 식 ⑰은 그 x성분 p_x을 나타내는 것으로 생각하고, y성분 p_y과 z성분 p_z도 마찬가지로 정의하면 된다.

그러면 물체의 관계식 $\Delta x = v\Delta t$를 식 ⑰에 대입해 보자.

$$p = mv\frac{\Delta t}{\Delta \tau} = mv\frac{1}{\Delta \tau}\frac{\Delta \tau}{\sqrt{1 - \dfrac{v^2}{c^2}}} = \frac{mv}{\sqrt{1 - \dfrac{v^2}{c^2}}} > mv \quad \cdots ⑱$$

중간에 나오는 Δt에 식 ⑯을 사용했다. 식 ⑱의 부등호는 식 ⑯일 때와 마찬가지로 상대론적 운동량은 고전적 운동량 mv보다 반드시 더 커진다. 빛의 극한 '$v \rightarrow c$'에서 식 ⑱의 상대론적 운동량은 무한대가 되기 때문에 물체에 운동량을 가해 빛의 속도로 만드는 것은 불가능하다.

상대성이론에서는 식 ⑱에 따라 질량이 속도에 따라 증가하는 것으로 본다. 이것은 질량은 항상 일정한 것으로 보았던 고전역학과 다른 것이다.

상대론적 에너지의 발상

이번에는 상대론적 에너지를 구할 것인데, 그러기 위해서는 아인슈타인의 놀라운 직관적 사고를 상상력을 발휘해서라도 파악하려는 시도가 필요하다.

상대성이론이 등장하기 전에도 역학과 전자기학에서는 에너지와 운동량 사이에 밀접한 관계가 있다는 것을 알고 있었다. 역학에서 알고 있던 것은 다음 식처럼 에너지 변화(일)와 '시간 변위'의 곱이, 운동량 변화와 '공간변위'의 곱과 동등한 관계라는 것이었다. 즉 에너지와 운동량은 시간과 공간에 각각 관련되어 있었다. 이것은 다음과 같은 식으로 나타낼 수 있다.

$$\Delta W \cdot \Delta t = (F_s \Delta r) \Delta t = \left(\frac{\Delta p}{\Delta t} \Delta r \right) \Delta t = \left(\frac{\Delta p}{\Delta t} \Delta t \right) \Delta r$$

$$= \Delta p \cdot \Delta r$$

중간에 나오는 ΔW에는 식 ④를, 힘(접선방향의 성분) F_s에는 제4강의 식 ⑦을 사용했다. 이 식의 값과 동등한 물리량을 '작용량'이라고 한다. 또 서로 곱해서 작용량이 되는 두 물리량을 서로 '공역'이라고 한다.

식 ⑰에서는 공간 변위 Δx에서 상대론적 운동량을 정의했다. 운동량 변화와 '공간 변위'는 서로 공역이다. 그런데 에너지 변화와 공역인 '시간 변위' Δt(또는 $c \Delta t$)로 상대론적 에너지를 정의할 수 있다.

한편 전자기학에서 알고 있던 것은 '빛의 관계식' $E=cp$으로(제2강), 맥스웰의 기본법칙으로 유도되었다. 이 관계식을 이용하면 빛의 운동량 p가 다음 식처럼 에너지 E로 정해진다.

$$p = \frac{E}{c} \qquad \cdots ⑲$$

그런데 식 ⑰ $p \equiv m\dfrac{\Delta x}{\Delta \tau}$의 정의를, 빛의 속도에 가까운 속도의 물체에 대해서 극한법칙이 성립하도록 확장해 보자. 즉 좌변의 p를 빛의 운동량 $\dfrac{E}{c}$(식 ⑲)로 치환하고, 우변의 분자 Δx를 빛의 전파 거리 $c\Delta t = \Delta(ct)$로 치환하는 것이다. 그러면 후자는 에너지 변화와 공역인 '시간 변위'를 포함하고 있어 위의 예상과 합치한다.

물론 식 ⑲와 $\Delta x = c\Delta t$는 빛이나 중력파가 아닌 한 일반 물체에서는 성립하지 않는다. 하지만 좌변의 p와 우변의 분자 Δx를 각각 동시에 치환한 식은 질량 m을 가지는 일반 물체에서도 성립한다고 생각하자. 또 물체의 질량 m과 고유시간 $\Delta \tau$은 양쪽 모두 불변량이므로 그대로 이용한다.

이상의 추론에 근거해 상대론적 에너지 E를 빛의 속도로 나눈 값은 다음 식과 같이 정의할 수 있다.

$$\frac{E}{c} \equiv m\frac{\Delta(ct)}{\Delta \tau} \quad (\Delta \tau \to 0) \qquad \cdots ⑳$$

아인슈타인의 진가는 물리의 다양한 개념을 자유자재로 결합해서 심오한 진리를 밝혀내는 스타일에서 생생하게 드러난다.

식 ⑳과 식 ⑰을 합해서 만든 $\left(p_x, p_y, p_z, \dfrac{E}{c} \right)$는 4차원 운동량이라고 한다. 즉 상대론적 에너지를 빛의 속도로 나눈 식 ⑲는 4차원 운동량인 '시간 성분'으로 볼 수 있다.

빛의 극한 '$v \rightarrow c$'에서는 식 ⑯에 의해 $\dfrac{\Delta t}{\Delta \tau}$가 무한대가 된다. 어떤 관성계에서 보든 빛에서는 유한한 운동량과 에너지가 측정되기 때문에 식 ⑱의 p와 식 ⑳의 E가 유한하기 위해서는 $m = 0$이어야만 한다. 따라서 광자는 '질량을 갖지 않는 알갱이'이다.

질량에너지 등가원리

식 ⑳과 식 ⑯에 의해 다음 식을 얻을 수 있다.

$$E = mc^2 \frac{\Delta t}{\Delta \tau} = \frac{mc^2}{\sqrt{1 - \frac{v_2}{c^2}}} \qquad \cdots ㉑$$

식 ㉑에서 $v = 0$의 값을 대입하면 곧 다음 식을 얻을 수 있다.

$$E = mc^2 \qquad \cdots ㉒$$

$v = 0$이라는 '정지 상태'에서 얻을 수 있는 식 ㉒는 식 ②에서 설명했던 정지에너지를 나타낸다. 이 식 ㉒야말로 아인슈타인의 가장 유명한 법칙, '질량에너지 등가원리'이다.

계속해서 $v \neq 0$의 운동 상태를 생각해 보자. 빛의 극한 '$v \rightarrow c$'에서, 식 ㉑의 상대론적 에너지는 무한대가 되기 때문에 물체에 에너지를 가해 빛의 속도로 만드는 것은 불가능하다. 반면 고전역학의 극한인 $v \ll c$일 때 다음의 근사식($\approx$은 근사를 나타내는 기호)이 성립한다.

$$\gamma(v) \equiv \frac{1}{\sqrt{1 - \frac{v^2}{c^2}}} \approx 1 + \frac{1}{2}\frac{v^2}{c^2} \qquad \cdots ㉓$$

식 ㉓은 다음과 같이 단계를 거치면 좀 더 쉽게 계산할 수 있다.

$$\gamma(v) \equiv \frac{1}{\sqrt{1 - \frac{v^2}{c^2}}} = \frac{\sqrt{1 + \frac{v^2}{c^2}}}{\sqrt{\left(1 - \frac{v^2}{c^2}\right)\left(1 + \frac{v^2}{c^2}\right)}} = \frac{\sqrt{1 + \frac{v^2}{c^2}}}{\sqrt{1 - \frac{v^4}{c^4}}} \approx \sqrt{1 + \frac{v^2}{c^2}}$$

여기에서 $\left|\dfrac{v}{c}\right| \ll 1$이기 때문에 $\left(\dfrac{v}{c}\right)$의 제곱 항보다 훨씬 작은 네 제곱 항을 0으로 하는 근사를 사용했다. 또 같은 방식으로 하면 다음 근사식이 성립하므로 식 ㉓을 나타낼 수 있다.

$$\left(1 + \frac{1}{2}\frac{v^2}{c^2}\right)^2 = 1 + \frac{v^2}{c^2} + \frac{v^4}{4c^4} \approx 1 + \frac{v^2}{c^2}$$

$$\therefore \gamma(v) \approx \sqrt{1 + \frac{v^2}{c^2}} \approx \sqrt{\left(1 + \frac{1}{2}\frac{v^2}{c^2}\right)^2} = 1 + \frac{1}{2}\frac{v^2}{c^2}$$

식 ㉓의 근사를 이용하면 식 ㉑은 다음과 같이 된다.

$$E = \gamma(v)mc^2 \approx mc^2\left(1 + \frac{1}{2}\frac{v^2}{c^2}\right) = mc^2 + \frac{1}{2}mv^2 \qquad \text{... ㉔}$$

식 ㉔에는 고전역학의 운동에너지 $\dfrac{1}{2}mv^2$이 근사식의 제2항으로 등장한다. 즉 원래의 식 ㉑은 운동에너지와 정지에너지를 통합하는 식이다. 실제로 식 ㉔의 제2항은 19세기에 헬름홀츠 등에 의해 발견되었지만, 20세기에 아인슈타인이 발견할 때까지 아무도 제1항을 깨닫지 못했다. 그만큼 에너지는 '숨겨진' 물리량으로 인간이 사고하기에는 어려운 발상이었다.

관성력의
재검토

뉴턴역학(고전역학)의 출발점에서는 관성력을 '가해진 힘에 대한 저항력'이라고 정의했었다(제4강). 제7강에서는 관성력의 일종인 원심력을 예로 들어 이 관성력이라는 기본적인 사고가 아인슈타인의 '등가원리'까지 어떻게 발전했는지를 설명할 것이다.

'장'과 퍼텐셜

어떤 물리량(예를 들어 질량)에 작용하는 힘에 의해 갖게 되는 그 물리량당 위치에너지를 퍼텐셜이라고 한다. 또 퍼텐셜이 분포하는 공간을 '장'이라고 한다. 퍼텐셜potential은 물리용어로는 '위치'라는 뜻이지만 일반 언어로는 '잠재력'을 의미한다. 장이라는 공간이 그 위치에 대응한 '잠재적인' 에너지를 가지고 있다고 생각하기 때문이다.

중력에 관해서 알아보자. 질량당 위치에너지를 중력 퍼텐셜이라고 하고 중력 퍼텐셜이 분포하는 공간을 중력장이라고 한다. 뉴턴의 중력의 법칙에 의하면 중력은 중력의 근원에서 거리의 제곱에 반비례해서 약해진다(역제곱 법칙). 반면 중력의 근원에서 멀어질수록 위치에너지가 높기 때문에 중력 퍼텐셜이 커진다.

'균일한 중력장'이란 일정한 중력가속도 g가 작용하는 공간이다. 높은 산이라고 해도 고작 수천 미터인 지상은 지구의 반지름인 6,378km에 비하면 천분의 1정도(후지 산이 3,776m)밖에 되지 않는다. 역제곱 법칙의 효과가 거의 나타나지 않기 때문에 지상은 근사적으로 균일한 중력장이라고 간주해도 된다.

균일한 중력장의 중력 퍼텐셜은 지표면을 중력 퍼텐셜의 기준면($h=0$)으로 할 때 높이 h에 비례하여 gh가 된다(그림 7-1). 기준면과 평행한 면($h=h_1$)에서는 포텐셜 값이 gh_1으로 일정한 값을 가지며, 중력의 근원(지구)에서 멀어질수록 퍼텐셜이 증가한다. 예를 들어 지표에서 높이 h가 2배가 되면 중력 퍼텐셜도 2배가 된다. 이

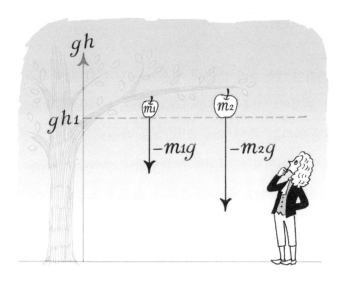

그림 7-1 **균일한 중력장의 중력 퍼텐셜.**

중력장에 놓인 질량 m인 물체의 위치에너지는 mgh이다(제6강).

퍼텐셜은 위치에너지[potential energy]와 동일한 의미로 사용되는 경우도 많지만, 이 책에서는 위와 같이 구별하기로 한다. 힘을 받는 각각의 물체와 관계없이 '장'이 있다고 하더라도 물체의 양에 상관하지 않는 퍼텐셜을 생각하기 때문이다. 그림 7-1처럼 같은 장에 질량이 다른 여러 물체가 있을 때, 퍼텐셜을 gh가 아니라 m_1gh이나 m_2gh 등으로 하면 물체마다 퍼텐셜이 달라지기 때문에 장이라는 공간을 이해하기 어려워진다.

'장'에 놓인 물체에 대한 작용에는 반작용이 발생한다. 반작용은 그 물체가 발생한 장(예를 들어 중력장)이 최초의 '장'이 발생된 근원(예를 들어 지구)에 작용하는 것이라고 생각하면 된다.

퍼텐셜과 보존력

　보존력이 하는 일, 즉 보존력(운동방향 성분)에 이동거리(공간 변위)를 곱한 양은 위치에너지의 변화와 동일했다(제6강). 이 위치에너지 변화는 [질량×퍼텐셜 변화]와 동일하다. 이번에는 그 반대를 생각해 보자. 즉 '공간 변위당 퍼텐셜에너지 변화'가 먼저 제시되었다고 했을 때 그 퍼텐셜을 발생시킬 만한 '질량당 보존력'을 구하는 것이다.

　여기에서 '기울기'라는 개념이 도움이 된다. 기울기의 크기는 단위 공간 변위당 대상이 되는 물리량의 변화량이다. 대상이 되는 양을 세로축으로, 공간 변위를 가로축으로 해서 물리량이 변화하는 모습을 그래프로 그리면 기울기는 접선의 기울기가 된다. 또 기울기에는 크기와 방향(접선 기울기의 플러스마이너스)이 있기 때문에 벡터이다. 퍼텐셜과 보존력에는 일반적으로 다음과 같은 관계가 있다.

　　퍼텐셜이 감소하는 방향의 기울기에 의해 물리량(예를 들어 질량)당 보존력이 발생한다.

　퍼텐셜을 강의 흐름에 비유하면 높은 곳에서 낮은 곳으로 방향으로 힘이 작용한다. 기울기 즉, 경사도가 큰 급류에서는 힘도 커진다.

　보존력은 퍼텐셜이 분포하는 장에 의해서 발생하기 때문에 '장場의 힘'이라고도 한다. 같은 높이에서 이동할 때처럼 퍼텐셜의 기울기가 없는 이동에서는 퍼텐셜의 차가 0이므로 보존력이 하는 일도 0이다.

기울기가 없는 점끼리 연결해서 생기는 면을 등중력선이라고 한다.

균일한 중력장에서 등중력선은 지표와 평행한 면이었다. 보존력은 등중력선에 대해 항상 수직이 되고 이 보존력 자체가 0이 아니어도 등중력선상의 이동에서 일은 반드시 0이 된다.

중력 퍼텐셜 gh는 거리 h의 1차식인데, 일상적으로 쓰이는 의미에서 '기울기'는 일정한 오르막길과 같은 뜻이다. 즉 중력 퍼텐셜 gh에서는 기울기의 크기가 일정값 g이고, 기울기의 방향은 위를 향한다. 그림 7-1에서는 기울기를 일정한 농담 변화로 표현했다.

앞에서 설명한 퍼텐셜과 보존력의 관계에 적용하면 중력 퍼텐셜이 감소하는 방향, 즉 연직방향의 기울기 $-g$에 의해 질량 m_1인 물체에는 보존력인 중력 $-m_1 g$(아래 방향)가 발생한다. 이 중력의 크기와 방향은 어디에서나 일정하기 때문에 전제로 했던 '균일한 중력장'을 확인할 수 있다. 즉 물체는 어떤 장소에서든 $-g$라는 일정한 중력가속도를 받기 때문에 낙하하면서 항상 일정한 세기로 악셀을 계속 밟아 가속하는 상태에 있다.

퍼텐셜의 기울기에 의해 생기는 보존력은 장의 각 점에서 각각 작용하기 때문에 '근접작용'이라고 한다. 뉴턴은 중력이 직접 작용한다는 가설을 쏙 들어가게 했지만, 현대에는 근접작용이 전혀 다른 형태로 이론화되었다. 한편 멀리 떨어져서 접촉을 하지 않은 물체에 힘이 작용하는 것을 '원격작용'이라고 한다.

또 퍼텐셜과 보존력이 있어도 장을 고려하지 않는 경우가 있다. 예를 들어 훅의 법칙(제2강)에 나오는 용수철의 복원력은 보존력인데, 항상 용수철 끝에서 힘이 직접 작용하므로 장을 가정할 필요가 없다.

등속원운동의 가속도

이번에는 회전에 관해서 검토해 보자. 각도 θ를 라디안으로 나타내면 반지름 벡터가 그리는 호의 길이는 반지름 벡터의 길이 r에 각도 θ를 곱해서 $r\theta$가 된다는 것을 제3강에서 설명했다. 시간 변화당 각도 θ의 변화를 각속도라고 하며 ω(그리스문자 오메가)라는 기호로 나타낸다.

등속원운동에서 각속도 ω는 일정하다. 이때 1회전을 하는 데 필요한 시간을 주기 T라고 하면, 1회전은 2π라디안이므로 $\omega = \dfrac{2\pi}{T}$가 된다. 각속도를 2π로 나눈 값이 회전속도인데, 일반적으로는 rpm(revolutions per minute의 약어)을 단위로 하는 1분당 회전수로 사용된다.

물체의 속도는 반지름 벡터 방향 성분 v_r과 각도 방향 성분 v_θ로 나눌 수 있는데 두 성분은 항상 직교한다. v_θ는 반지름 벡터가 그리는 호 길이의 단위 시간당 변화이므로 반지름 벡터의 길이 r에 각속도 ω(시간 변화당 각도 변화)를 곱해서 구한다. 즉 다음 식이 성립한다(그림 7-2).

$$v_\theta = r\omega \quad \cdots \; ①$$

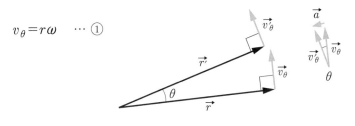

그림 7-2 **등속원운동의 가속도**.

등속원운동에서는 반지름이 일정해서 반지름 벡터 방향의 속도성분 v_r가 0이기 때문에 운동 가속도 a에는 v_θ의 변화만 연관된다.

그림 7-2처럼 반지름 벡터는 $\vec{r}$에서 $\vec{r'}$로, 속도 벡터는 $\vec{v_\theta}$에서 $\vec{v'_\theta}$로 변화했다고 가정한다. 속도 벡터 $\vec{v_\theta}$는 항상 반지름 벡터의 각도 변화 $\vec{r}$와 직교하기 때문에 $\vec{v_\theta}$의 각도 변화는 반지름 벡터의 각도변화 θ와 동일하다. 가속도 벡터 $\vec{a}$의 크기를 구하기 위해서는 식 ①에서 반지름 벡터의 길이 r에 각속도 ω를 곱했던 것처럼 v_θ에 각속도 ω를 곱하면 된다.

또 가속도 벡터 $\vec{a}$의 방향은 $\vec{v_\theta}$가 변화하는 방향이고 회전의 중심을 향하며, 그 방향은 반지름 벡터 $\vec{r}$과 반대방향이기 때문에 a에는 마이너스 부호를 붙일 필요가 있다.

이상으로 인해 등속원운동의 가속도 a는 다음 식으로 나타낼 수 있다.

$$a = -v_\theta \omega = -(r\omega)\omega = -r\omega^2 \qquad \cdots ②$$

중간에 나오는 v_θ에서 식 ①을 사용했다. a와 같이 중심을 향하는 가속도를 구심가속도라고 한다.

원심력 공식

일정한 각속도 ω로 회전하는 좌표계(회전계)는 식 ②의 구심가속도 a로 운동한다. 그 회전계에서 보면 (회전계와 함께 회전하지 않고) 정지해 있는 물체는 회전방향의 상대속도에다 가속도 $-a$를 더해서 움직이는 것처럼 (중심에서 멀어지는 것처럼) 보인다. 이처럼 회전계에서 작용하는 관성력이 원심력이다.

질량 m인 물체에 작용하는 원심력은 식 ②에 의해 다음과 같이 된다.

$$m(-a) = mr\omega^2 = mr\left(\frac{v_\theta}{r}\right)^2 = \frac{mrv_\theta^2}{r^2} = \frac{mv_\theta^2}{r} \qquad \cdots \text{③}$$

중간에 나오는 ω에 식 ①을 사용했다. 원심력의 방향은 반지름 벡터 방향, 즉 회전의 중심에서 멀어지는 방향이다. 식 ③은 이제부터 하려는 설명의 기초가 되는 '원심력 공식'이므로 잘 기억해 두자.

원심력에 의한 위치에너지

원심력에 대해서 쉽게 이
미지를 떠올릴 수 있도록
'막대와 링 모형'을 생각해
보자(그림 7-3). 충분히 길고
둥근 막대에 질량 m인 링을
끼우고, 둥근 막대의 중앙을
끈으로 매단다. 이 끈을 잘
꼰 다음에 끈을 회전축으로

그림 7-3 **막대와 링 모형.**

삼아 막대를 일정한 각속도 ω로 돌린다.

링이 받는 중력과 막대에서 받는 수직항력이 균형을 이루기 때문
에 이 힘들은 링의 운동에 관계하지 않는다. 또 막대와 링 사이의
마찰은 생각하지 않기로 한다. 이제 링이 어떤 식으로 운동하는지
관찰해 보자(☆).

회전축에서 링까지의 거리(반지름 벡터)를 r, 반지름 벡터 방향
인 링의 속도를 $v(r)$로 한다. $r=0$일 때 초속도(어떤 정해진 값)를
$v_0 \equiv v(0)$라고 하자. $v_0=0$에서는 링이 막대의 중심에 정지한 상태
이므로 $v_0 > 0$으로 가정한다.

막대와 같은 각속도 ω로 회전하는 좌표계를 생각해 보자. 이 회전
좌표계에서는 막대가 정지한 듯 보이고, 링은 그 막대 위를 직선운
동한다. $r=0$에서는 힘이 작용하지 않지만 링이 회전축에서 조금이

라도 벗어나면 r에 비례한 원심력(식 ③에서 $mr\omega^2$)이 작용해서 막대 위를 가속해간다.

반지름 벡터가 0에서 r까지 변화하는 동안 링에 작용하는 원심력의 평균값은 $\frac{1}{2}mr\omega^2$이다. 이 사이에 원심력이 하는 일은 $\frac{1}{2}mr\omega^2 \times r = \frac{1}{2}mr^2\omega^2$이 된다. 또 $v \equiv v(r)$로 했을 때 이 사이에 발생하는 링의 운동에너지 변화는 $\frac{1}{2}mv^2 - \frac{1}{2}mv_0^2$이다. 원심력이 하는 일은 운동에너지 변화와 동일하기 때문에 제6강 식 ⑧에 의해 $W = \frac{1}{2}mv^2 - \frac{1}{2}mv_0^2 = \frac{1}{2}mr^2\omega^2$이 성립한다. 이제 좌변 r에 관계하는 항을 정리해 보자.

$$\frac{1}{2}mv^2 - \frac{1}{2}mr^2\omega^2 = \frac{1}{2}mv_0^2 \qquad \cdots ④$$

식 ④는 역학적 에너지의 보존법칙 $K + U = C$(C는 상수)라고 볼 수 있다. 즉 식 ④의 좌변 제2항 $-\frac{1}{2}mr^2\omega^2$는 원심력에 의한 '위치에너지'라고 생각할 수 있다.

원심력과 로그나선

앞에서 '막대와 링 모형'을 막대에 고정된 좌표계에서 살펴 보았을 때는 링이 막대를 따라 직선 운동을 하는 것으로 보였지만 천정에 고정된 좌표계에서 보면 링이 로그나선을 그리는 운동을 한다는 것을 확인해 보자.

로그나선은 각도 θ가 반지름 벡터 r인 로그에 비례하는 듯한 곡선으로(제4강), 다음 식으로 나타낼 수 있다(α는 비례계수).

$$\theta = \alpha \log r$$

이 식을 바탕으로 비회전계에서 본 시간변화 Δt당 각도변화 $\Delta\theta$, 링의 각속도 ω를 식으로 나타내 보자. 그 사이에 반지름 벡터 r에 미소변위 Δr이 발생했다고 가정하면 반지름 벡터 방향인 링의 속도 v는 $v = \dfrac{\Delta r}{\Delta t}$ 이다.

$$w = \frac{\Delta\theta}{\Delta t} = \frac{1}{\Delta t}\{\alpha \log(r + \Delta r) - \alpha \log r\} = \frac{\alpha}{\Delta t}\log\frac{r + \Delta r}{r}$$

$$= \frac{\alpha}{r}\frac{\Delta r}{\Delta t}\frac{r}{\Delta r}\log\frac{r + \Delta r}{r} = \frac{\alpha}{r}v\frac{r}{\Delta r}\log\left(1 + \frac{\Delta r}{r}\right)$$

$$= \frac{\alpha}{r}v\log\left(1 + \frac{\Delta r}{r}\right)^{\frac{r}{\Delta r}}$$

여기에서 $x \equiv \dfrac{\Delta r}{r}$ 이라고 해두자. 오일러는 $x \to 0$인 극한에서

$(1+x)^{\frac{1}{x}} \rightarrow e$(네이피어수 $2.71828\cdots$)로 수렴하는 것을 발견했다(제1강). 위에 나오는 식의 로그를 자연로그(e를 밑으로 하는 로그)로 한다면 다음 식처럼 된다.

$$\omega = \frac{\alpha}{r} v \log (1+x)^{\frac{1}{x}} \rightarrow \frac{\alpha}{r} v \log e = \frac{\alpha}{r} v$$

α는 마음대로 정할 수 있으므로 $\alpha = 1$로 하면 $\omega = \frac{v}{r}$를 얻는다. 이 각속도 ω를 식 ④에 대입하면 식 ④의 좌변은 0이 된다. 만약 링의 속도 v나 $r\omega$가 초속도 v_0보다 충분히 크다면 식 ④의 우변은 0으로 봐도 무방하다. 즉 이 조건이 충족되는 한 링은 로그나선 모양의 궤적을 그린다는 사실을 확인할 수 있다. 원심력에 의한 운동은 수학상 필연적으로 '로그나선'을 발생시키는 것이다.

원심력 퍼텐셜

원심력은 반지름 벡터 r로 정해지는 '보존력'이다. 식 ④에서 얻을 수 있었던 추론에 근거하여 원심력 퍼텐셜 $U(r)$를 다음 식으로 정의해 보자. 퍼텐셜의 기준은 $U(0)=0$으로 한다.

$$U(r) \equiv -\frac{1}{2}r^2\omega^2 \qquad \cdots ⑤$$

원심력 퍼텐셜은 그림 7-4와 같이 아래로 향하는 포물선을 그린다. 즉 회전축에서 멀어질수록 원심력 퍼텐셜은 감소한다. 그래프를 보면 알 수 있듯이 퍼텐셜이 감소하는 방향의 접선의 기울기에 따라 원심력이 발생한다.

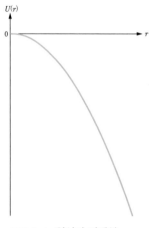

그림 7-4 **원심력 퍼텐셜**.

공간 변위 Δr에 대한 원심력 퍼텐셜의 차 ΔU는 다음 식과 같다.

$$\Delta U = U(r+\Delta r) - U(r)$$

$$= -\frac{1}{2}(r+\Delta r)^2\omega^2 - \left(-\frac{1}{2}r^2w^2\right)$$

이 ΔU가 감소하는 방향의 기울기에서 질량당 원심력 $f(r)$을 다음 식과 같이 구할 수 있다. 식의 처음에 나오는 마이너스 부호는 ΔU가 감소하는 방향을 나타낸다.

$$f(r) = -\frac{\Delta U}{\Delta r} = -\frac{1}{\Delta r}\left\{-\frac{1}{2}(r+\Delta r)^2\omega^2 - \left(-\frac{1}{2}r^2w^2\right)\right\}$$

$$= \frac{\omega^2}{2\Delta r}\{(r+\Delta r)^2 - r^2\}$$

$$= \frac{\omega^2}{2\Delta r}\{(r^2 + 2r\Delta r + \Delta r^2) - r^2\} \rightarrow \frac{\omega^2}{2\Delta r}2r\Delta r = r\omega^2$$

$\Delta r \rightarrow 0$인 극한에서 $\frac{\omega^2}{2\Delta r}\Delta r^2 = \frac{\omega^2}{2}\Delta r$이 0이 되는 것을 이용했다. 구해진 $f(r)$에 물체의 질량 m을 곱하면 식 ③의 원심력을 확인할 수 있다. $f(r) > 0$이므로 원심력은 척력이다.

다음 내용에서도 볼 수 있듯이 원심력은 응용이 넓어서 '겉으로 보이는 힘'을 뛰어넘는 특별한 기능이 있다.

회전하는 양동이 속의 물

회전하는 양동이 속에서는 수면이 움푹 패인다. 그렇다면 회전축을 포함하는 단면에서는 어떤 곡선이 될까? 균일한 중력장 안에 있는 두 점을 물체가 최단 시간에 통과하는 경로인 최속하강곡선은 사이클로이드일까? 아니면 현수선(목걸이의 양 끝을 잡았을 때 생기는 곡선)일까?

양동이와 동일한 각속도 ω인 회전계에서 생각해 보자. 물과 벽의 상대운동이 최종적으로 0이 됐을 때 물과 양동이는 완전히 하나가 되어 운동한다. 이때 회전계에서는 물이 정지하기 때문에 물의 어떤 부분이든 운동에너지는 모두 0이 된다. 이 상태에서 반지름 벡터 r(회전축에서의 거리)의 위치에 있는 물 부분이 높이 h만큼 밀려 올라가고, 회전축에서 멀어질수록 중력 퍼텐셜 gh가 커진다.

반면 원심력 퍼텐셜은 식 ⑤와 같이 회전축에서 멀어질수록 작아진다. 만약 원심력 퍼텐셜과 중력 퍼텐셜의 합이 물의 모든 부분에서 0이 된다면 양쪽은 균형이 유지되어 물의 이동이 발생하지 않을 것으로 예상된다. 바꿔 말하면 양동이의 수면이 바깥쪽으로 갈수록 높아지는 것은 바깥쪽으로 갈수록 원심력 퍼텐셜은 낮아지지만 중력 퍼텐셜은 높아지지 않아 에너지의 균형이 무너지기 때문이다.

그런데 식 ⑤에 의해 $gh - \frac{1}{2}r^2\omega^2 = 0$이라고 볼 수 있기 때문에 반지름 벡터 r의 위치에 있는 물 부분의 높이 h를 구할 수 있다.

$$h = \frac{\omega^2}{2g}r^2 \qquad \cdots \; ⑥$$

이 식은 수면의 높이 h가 반지름 벡터 r의 제곱에 비례하는 '포물선'을 나타낸다. 즉 수면의 형태는 회전축 둘레에 포물선을 회전시켜서 생기는 포물면이 된다. 식 ⑥이 나타내듯이 이 면의 형태는 각속도 ω와 중력가속도 g만으로 결정되고, 액체의 종류나 질량에 상관하지 않는다. 게다가 물의 점성계수나 난해한 유체방정식 같은 것을 사용하지 않아도 구할 수 있다는 점에서 대단하다.

식 ⑥에서 수면의 높이 h는 중력가속도 g에 반비례한다. 예를 들어 중력이 지구의 $\frac{1}{6}$인 달 표면에서는 양동이를 돌렸을 때 가장자리 수면이 높아지는 정도가 지구에서보다 6배나 커진다.

뉴턴역학은 상대성이론과 모순된다

이제 중력가속도에 대해서 다시 생각해 보자. '물체의 낙하 시간은 질량에 관계없이 일정하다'라는 갈릴레이 이래의 '낙하법칙'은 '어떤 물체나 똑같이 가속한다'라는 뜻이다. 바꿔 말하면 '중력가속도 g는 물체에 상관없이 일정하다'라는 뜻이다. 이 법칙에 대한 뉴턴역학의 설명은 다음 식으로 나타낼 수 있다. 이를 위해 지구의 자전에 따른 원심력이 가장 센 적도 부근에서 생각해 보자.

$$-mg = -G\frac{mM}{R^2} + mR\omega^2 \qquad \cdots ⑦$$

여기에서 G는 중력상수(제4강), m은 물체의 질량, M은 지구의 질량(5.97×10^{24}kg), R은 지구의 반지름(6,378km), ω는 지구 자전의 각속도이다. 반지름 벡터 방향을 플러스 방향으로 정의했던 것을 떠올려 보자. 뉴턴역학에서 m과 M은 중력질량으로, 관성질량(제4강)과 구별된다.

식 ⑦의 우변 제1항은 지구에서의 중력(제4강의 식 ⑧)을 나타내고, 제2항은 지구의 자전에 따른 원심력(식 ③)을 나타낸다.

따라서 중력가속도 g는 다음 식과 같이 물체의 질량 m에 상관없이 결정되는 것을 알 수 있다.

$$g = \frac{GM}{R^2} - R\omega^2 \qquad \cdots ⑧$$

여기에서 지구의 질량 M이 화산 대폭발이나 운석 낙하 같은 요인 때문에 변했다고 가정해 보자. 그 변화는 식 ⑧에 포함된 g값을 변화시키기 때문에 아무리 먼 곳에서도 측정할 수 있어야 한다. 그러면 M의 변화라는 정보가 순식간에 전해질 것이다. 특수상대성이론에 의하면 모든 속도는(제5강) 빛의 속도를 초월할 수는 없으므로 위에서 언급한 뉴턴역학의 설명은 상대성이론과 모순된다.

즉 식 ⑧과 같은 식으로 중력을 다루는 한, 순간적인 원격작용을 가정하지 않으면 안 된다. 반면 상대성이론에서는 중력을 장의 '근접작용'으로 생각하기 때문에 질량 M의 변화는 '중력파'로서 빛의 속도로 전달되어 모순이 발생하지 않는다.

달랑베르의 원리

고전역학과 상대성이론 사이에서 잠시 샛길로 빠져 보자. 프랑스의 수학자 달랑베르$^{\text{Jean Le Rond d'Alembert, 1717~1783}}$는 1758년에 다음과 같은 개념을 발표했다.

추진력－[질량×가속도]＝0　　　　　… ⑨

이 식은 수학적으로는 운동법칙(제4강 식 ②)과 동일한 것으로, 이항해서 좌변에 정리했을 뿐이다. 하지만 식 ⑨를 새로운 식으로 받아들여 물리적으로 살펴보자.

식 ⑨의 제2항은 '관성력'으로, 부호가 마이너스이므로 추진력에 저항하는 '관성의 세기'를 나타내는 데까지는 본강의 설명과 동일하다. 단 이 제2항을 실제 힘으로 생각하고 식 ⑨를 균형을 이루는 식으로 간주한 것이 달랑베르의 독특한 발상이었다.

그렇게 하면 가속도운동을 비롯한 일반 '동역학'은 힘의 균형을 논의하는 '정역학'으로 귀착할 수 있다. 즉 관점만 살짝 바꾸면 동역학과 정역학을 통합할 수 있다는 뜻이다. 이것이 '달랑베르의 원리'이다.

달랑베르의 원리에 근거해 통합된 역학은 새로운 해석역학으로, 18세기에서 19세기에 걸쳐 발전했다. 그와 동시에 뉴턴역학의 '힘'은 해석역학의 '에너지'에 주역의 자리를 넘기게 되고, 해석역학은 다시 20세기의 상대성이론과 양자역학의 기초로 계승되었다. 제6강에서 서술한 에너지와, 제7강에서 다룬 관성계나 장, 퍼텐셜은 그러한 물리학의 커다란 흐름에 자리매김한 매우 중요한 발상이었다.

아이슈타인의 등가원리

중력장 연구에서 아인슈타인이 제안한 것은 다음과 같은 명제이다.

> '균일한 가속도운동에 의한 관성력 장'과 '공간적으로 균
> 일한 중력장'은 등가이다.

상대성이론에서 핵심적 역할을 한 이 명제를 '등가원리'라고 한다. '균일한 가속도운동'이란 공간적으로 일정한 가속도를 가지는 운동이다. 앞에서 설명했다시피 '균일한 중력장'은 어디에서나 일정한 중력이 작용하는 공간으로, 중력 퍼텐셜에서는 '기울기의 크기'가 일정한 값을 갖는다.

여기에서 '관성력 장'이라는 새로운 발상이 도입된다. 균일한 가속도 a를 가지는 좌표계(가속계)에서 발생하는 관성력이 장을 만들고, 그것은 '균일한 중력장'과 등가라는 것이다. 이 관성력은 질량을 m으로 하면 $-ma$이고, 이와 등가인 중력은 $-ma$가 된다. 즉 중력 가속도 $-g$를 가속도 $-a$와 동일시하게 되어 가속도 $-a$의 방향이 중력방향, 즉 새로운 '연직방향'이 된다.

오늘날에는 우주에 관한 뉴스를 일상적으로 들을 수 있다. 우주에서 무중력이 실현되어 다양한 실험이 가능하기는 하지만 우주에 장시간 체재하기 위해서는 중력이 있는 편이 좋을 때도 있다. 예를 들어 우주비행사의 근력은 무중력 상태에서 상당히 쇠약해지기 때문

에 중력이 필요하다.

우주개발 초창기였던 1952년에 이미 그림 7-5와 같은 '우주정거장'이 구상되어 있었다. 우주정거장 전체를 일정한 속도로 회전시키면 원심력에 의해 외부방향의 '인공중력'이 발생한다. 이 인공중력의 원리는 중력과 등가인 원심력이다.

그림 7-5 **폰 브라운이 구상한 우주 정거장**.

원심력 퍼텐셜이 분포하는 공간을 '원심력 장'이라고 하자. 원심력의 장은 '관성력 장'의 한 예이다. 원심력이 회전계에 도입되어 항상 반지름 벡터 방향을 향했던 것을 떠올려 보자. 따라서 회전계의 원주방향(각도 방향)으로 한정하면, '원심력 장'은 공간적으로 균일하다고 볼 수 있다. 본강에서는 회전하는 양동이 속의 물에 관해서 원심력 퍼텐셜과 중력 퍼텐셜이 균형을 유지하는 것을 설명했다. 원심력이라는 관성력 장은 특정 반지름 벡터에 한해 중력장과 등가가 된다.

제4강에서는 케플러의 제3법칙인 로그그래프로 행성들이 '로그나선'을 따라 분포한다는 착상을 설명했었다. 그 분포는 태양계의 생성과 관련되어 있다. 또 본강의 '막대와 링 모형'으로 원심력에 의해서 로그나선이 그려질 수 있다는 것을 확인했다. 그리고 등가원리에 따라 원심력 장은 국소적으로 중력장과 동일시된다. 이상과 같은 연쇄를 생각하다 보면 이 문제들은 모두 '중력장'으로 귀착한다는 사실을 좀 더 깊이 이해할 수 있을 것이다. 기본법칙은 단순하지만 자연현상에는 다양성이 넘친다.

중력장이란

지구에서
우주로

제8강에서는 아인슈타인의 '등가원리'(제7강) 발견이 어떤 식으로 새로운 우주론(우주에 관한 이론물리학이나 천문학)을 발생시켰는지 중력장을 테마로 살펴볼 것이다.

관성의 법칙과 가속도운동은 뉴턴역학의 출발점이었지만 제5강에서 설명했다시피 모든 운동의 기초가 되는 관성계 간 변환이 특수상대성이론에 의해 수정되었기 때문에 가속도운동에 관한 법칙도 다시 살펴볼 필요가 생겼다. 특수상대성이론은 속도가 일정한 관성계를 대상으로 하고 있어 가속도 운동을 하고 있는 좌표계를 다루는 일은 일반상대성이론까지 유보되었다. 일반상대성이론은 등가원리뿐만 아니라 다음의 일반상대성원리를 기초로 하고 있다.

4차원 시공간의 일반좌표계는 모두 동등하며 모든 물리
법칙은 좌표계 간 변환에 대해서 불변이다.

약한 중력장에서의 시간 지연

아인슈타인은 약한 중력장의 경우에는 특수상대성이론에서도 중력장의 문제를 다룰 수 있다는 것을 제안했다. 이 논문에 따라 약한 균일한 중력장에서 시간이 어떻게 진행되는지 알아보자(단 설명은 간략하게 한다).

기본적으로는 가속계 $K(x, t)$가 가속을 시작한 후 시간이 약간 경과했을 때 이 관성계를 다른 관성계 $K'(x', t')$와 비교해 보는 것이다. 여기서 아인슈타인의 유연한 사고를 엿볼 수 있다.

가속계 K가 $t=0$일 때 일정한 가속도 a로 x방향을 향해 가속하기 시작했다고 하자. $t=t_1$에서 $v=at_1$인 속도에 도달했을 때 그 좌표계를 관성계 K'에서 본다면, K'는 K에 대해서 상대속도 v로 달리고 있다. 또 가속도 a는 충분히 작으므로 v도 빛의 속도 c에 비해 충분히 작은 것으로 가정한다.

K'에서 동시가 되는 두 점, 즉 시간 변위 $\Delta t'$가 0이 되는 두 점을 시간을 비교하는 기준으로 삼는다. 이 두 점에 대응하는 K에서의 시간 변위 Δt를 구해 보자. 특수상대성이론에 의하면 Δt는 공간 변위 Δx에 의해 0 이외의 값을 취한다.

'변위의 로렌츠 변환'(제5강 식 ⑫)에 $\Delta t'=0$을 대입하면

$$\Delta t' = \frac{\Delta t - \frac{v}{c^2}\Delta x}{\sqrt{1 - \frac{v^2}{c^2}}} = 0$$에서 다음 식이 성립한다.

$$\Delta t = \frac{v}{c^2} \Delta x \qquad\qquad \cdots \text{①}$$

K에서는 $\Delta t = t_2 - t_1 > 0$이고, $x=0$에서 $t=t_1$, $x=h\,(\,h>0\,)$에서 $t=t_2$라고 한다. $\Delta t = t_2 - t_1$과 $\Delta x = h-0$을 식 ①에 대입하면 $t_2 - t_1 = \frac{at_1}{c^2}(\,h-0\,)$이 된다. $t_2 = t_1 + \frac{at_1}{c^2}h$이므로 다음 식을 얻게 된다.

$$t_2 = t_1 \left(1 + \frac{ah}{c^2} \right) \qquad\qquad \cdots \text{②}$$

제7강에서 설명했듯이 등가원리에 따라 '중력가속도 $-g$를 가속도 $-a$와 동일시'하므로 가속계 K는 x축 방향으로 중력 퍼텐셜이 작용하는 '관성계'로 볼 수 있다. 거리 h만큼 떨어진 장소의 중력 퍼텐셜의 차이를 Φ(그리스 문자 파이)라고 하면 $\Phi = gh = ah$가 된다(제7강).

식 ② $\Phi = ah$를 대입하면 다음 식이 나온다.

$$t_2 = t_1 \left(1 + \frac{\Phi}{c^2} \right) > t_1 \qquad\qquad \cdots \text{③}$$

중력 퍼텐셜의 차이 $\Phi > 0$일 때 $x=h$에서 t_2을 측정하면 식 ③이므로 $x=0$에서 측정한 t_1보다 반드시 길어져서 시간이 늘어난다. 반대로 $x=0$에서 t_1을 측정하면 t_2보다 반드시 짧아진다. $x=0$은 $x=h$보다 '중력'(관성력과 등가인 중력에는 따옴표를 붙여 표기)의 아래쪽에 있어서, $x = 0$의 부근에 '중력원'을 상정할 수 있다. 그래서 일반적으로 '중력원에 가까울수록 시간이 느려진다(시계가 천천히 흐른다)'라는 놀라운 결론을 얻게 된다.

또 t_1와 t_2 중 어느 쪽 시간이든 같은 관성계 K에서 측정할 수 있다는 것에 주의하기 바란다. 그렇지만 t_1과 t_2는 K'에서 동시가 되는 두 점에 대응한다. $t_1 < t_2$라는 '시간 지연'은 관성계 간 운동에 동반해서 상대론적으로 일어나는 것이 아니라 가속도운동 또는 중력장에 동반해 일어나는 현상이다.

위의 설명에서 가속도 a가 마이너스(x축의 반대방향)일 때는 식 ②에 의해서 $t_2 < t_1$이 되는데 중력 퍼텐셜 $\Phi = ah$도 마이너스가 되어 방향이 바뀌기 때문에 '중력원에 가까워질수록 시간이 느려진다'라는 결론에는 변함이 없다. 또 가속도 a는 충분히 작다고 가정했기 때문에 식 ③은 약한 중력장에서 성립하는 근사식이다.

식 ③이 나타내는 변화의 크기는 Φ를 c^2으로 나누기 때문에 매우 작지만, 우주 규모가 되면 거대한 효과가 나타난다. 가속도 a가 지구의 중력가속도 g와 동일할 때, 거리 h가 1광년(빛이 1년 동안 움직인 거리)이 되는 장소에서는 시간 t를 1년으로 하면 $\frac{ah}{c^2} = \frac{gh}{c^2} = \frac{gct}{c^2} = \frac{gt}{c} \approx 1$($\approx$는 근사 기호)이 되어 시간이 절반만 흐르게 된다.

중력 퍼텐셜

강한 중력이 작용하는 천체 주변에는 중력원에 가까울수록 중력이 세지고 멀어질수록 약해지는 '불균일한 중력장'이 생성된다. 균일한 중력장에서는 중력원에 가까울수록 중력 퍼텐셜이 작아졌던 것(그림 7-1)을 떠올려 보자. 불균일한 중력장도 중력원에 가까워질수록 퍼텐셜이 작아지고 반대로 무한원('→∞)에서 최대가 된다.

지구 중심으로부터의 거리가 r인 지점에서의 중력 퍼텐셜은 $\phi(r) = -G\dfrac{M}{r}$로 나타낼 수 있다. 단 r은 지구의 반지름 R보다 크다($r > R$). 여기에서 G는 중력상수, M은 지구의 질량이다. 여기서는 무한대를 퍼텐셜의 기준점으로 잡아 $\phi(\infty) = 0$으로 했다.

공간 변위 Δr에 대한 중력 퍼텐셜의 차이 $\Delta\phi$은 다음 식과 같다.

$$\Delta\phi = \phi(r + \Delta r) - \phi(r) = -G\frac{M}{r + \Delta r} - \left(-G\frac{M}{r}\right)$$

$$= G\frac{M}{r} - G\frac{M}{r + \Delta r}$$

이 $\Delta\phi$가 감소하는 방향의 기울기를 이용해 질량당 중력 $f(r)$을 다음 식과 같이 구할 수 있다. 식의 처음에 나오는 마이너스 부호는 $\Delta\phi$가 감소하는 방향을 나타낸다.

$$f(r) = -\frac{\Delta\phi}{\Delta r} = -\frac{1}{\Delta r}\left(G\frac{M}{r} - G\frac{M}{r+\Delta r} \right)$$

$$= -G\frac{M}{\Delta r}\left\{ \frac{r+\Delta r}{r(r+\Delta r)} - \frac{r}{r(r+\Delta r)} \right\}$$

$$= -G\frac{M}{\Delta r}\frac{\Delta r}{r(r+\Delta r)} = -G\frac{M}{r^2\left(1+\frac{\Delta r}{r}\right)} \rightarrow -G\frac{M}{r^2}$$

$\Delta r \rightarrow 0$인 극한에서 $\left|\frac{\Delta r}{r}\right| \ll 1$가 0이 되는 것을 이용했다. 구해진 $f(r)$에 물체의 질량 m을 곱하면 제4강 식 ⑧의 중력을 확인할 수 있다. $f(r) < 0$이므로 중력은 항상 '인력'으로만 작용한다.

쌍둥이 역설

상대성이론에는 '쌍둥이 역설'이라는 유명한 패러독스가 있다. 쌍둥이 형제 중 한 사람이 머나먼 우주로 여행을 갔다가 돌아온다면 지구에 남아 있던 다른 형제는 훨씬 더 나이 든 상태라는 내용이다.

여행을 다녀왔다는 것만으로 젊어진다는 이상한 상황이기에 '역설'라고 하지만 실제로 상대론 효과에서는 가능한 일이다. 과거에 이 효과를 실제로 증명하려던 계획이 있었다고 하는데 아직 실현되지는 않았다.

행성 탐사선에 정밀시계를 탑재하면 시간지연을 측정할 수 있을지도 모른다. 그러나 우주선이 지구에 돌아와 정지한 이후에 우주선과 지구의 시계를 비교하는 것이기 때문에 제5강에서 설명했던 상대론적인 '시간 지연'과는 무관하다.

경과 시간에 가장 영향을 미치는 것은 반환할 때 받는 관성력이다 (그림 8-1). 우주선이 반환지점을 향해서 감속하다가 반환지점에서 지구를 향해 다시 가속으로 바뀌는 운동은 지구 방향으로 가속도가 작용함으로써 발생한다(그림

그림 8-1 **쌍둥이 역설**.

8-2). 그 가속도가 일정값 a(그림의 오른쪽 방향을 플러스로 한다)였다고 하자. 이때 관성력은 가속도와 반대방향, 즉 지구와 반대편으로 작용한다.

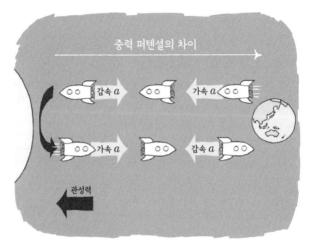

그림 8-2 **쌍둥이 역설 설명**(왼쪽 끝의 호가 '중력원').

등가원리에서 '균일한 가속도운동에 의한 관성력 장'은 '균일한 중력장'과 등가이기 때문에 반환 시에는 지구와 반대편으로 작용하는 '중력장'(관성력과 등가인 중력을 작은따옴표를 붙여 표시)이 발생한다. 앞에서 설명했듯이 우주선과 지구의 거리 h에 비례해서 중력 퍼텐셜의 차이 $\Phi = ah$가 발생한다.

'중력원에 가까울수록 시간이 지연된다(시간이 천천히 흐른다)'는 효과에 따라 우주선이 반환할 때 '중력원' 근처에 있었던 시계는 지구의 시계보다 느려진다. 그때 우주선을 타고 있던 우주비행사의 생

물학적인 변화 등을 비롯해 모든 현상이 느려지기 때문에 우주비행
사는 지구에 남아 있는 형제보다 나이를 먹지 않게 된다.

여기에서 우주비행을 출발할 때와 귀환할 때의 가속도가 $-a$(그
림의 왼쪽 방향)라고 하자. 그 가속도 방향은 반환할 때와 반대이기
때문에 이 관성력과 등가인 '중력' 퍼텐셜도 반대방향이 되어 이번
에는 지구의 시간 쪽이 우주선보다 느려진다. 하지만 출발할 때와
귀환할 때 우주선과 지구의 거리 h가 가깝기 때문에 이 중력 퍼텐
셜 차이의 효과는 반환 때보다 훨씬 작다.

또 지구에 의한 중력 퍼텐셜 효과에 의해서도 지구의 시간이 우주
선의 시간보다 느려진다. 하지만 지구에 의한 중력의 효과는 반환할
때의 가속도 효과보다 훨씬 작다. 이 부분을 확인해 보자.

중력 퍼텐셜의 차이 $\boldsymbol{\Phi}'$는, 지표에서 거리 h만큼 떨어진 장소(지
구 중심에서부터의 거리는 $R+h$)와 지표(지구 중심에서부터의 거리는
R) 사이에서 다음 식과 같다.

$$\boldsymbol{\Phi}' = \phi(R+h) - \phi(R) = -G\frac{M}{R+h} - \left(-G\frac{M}{R}\right)$$

$$= G\frac{M}{R} - G\frac{M}{R+h} = G\frac{M}{R}\left(1 - \frac{R}{R+h}\right) < G\frac{M}{R}$$

$$= gR + R^2\omega^2$$

이 식의 부등호는 $\dfrac{R}{R+h}$이 1보다 작기 때문에 성립한다. 마지막
등식에서는 지구 자전의 각속도를 ω로 가정하고 적도 부근에서 중

력가속도가 $g = G\dfrac{M}{R^2} - R\omega^2$인 것(제7강 식 ⑧)을 사용했다.

결론적으로 우주선이 반환할 때 생기는 가속도에 의한 퍼텐셜의 차 $\Phi = ah$와 비교하면 $a > g$, $h \gg R$인 한 $ah \gg gR$이므로 Φ'는 Φ보다 극히 작다는 것을 알 수 있었다.

'쌍둥이 역설'은 거북이를 타고 용궁에 갔다 왔더니 지상의 시간이 빠르게 흘러가 자기가 알고 있던 사람들이 모두 죽고 없었다는 옛날 이야기와 비슷하다. 옛날 이야기에도 상대성이론이 들어 있었던 것이다. 그러나 옛날 이야기에서는 왜 그런 일이 일어나는지를 설명하지 않는다. 하지만 상대성이론에서는 거북이가 가진 충분한 가속력 ($a > g$)과, 용궁이 매우 멀리 있는 것($h \gg R$)의 상승효과로 이런 일이 일어났다는 것을 알려준다.

운동방향으로 수직인 빛의 전파

지금까지는 x방향으로 운동 변화가 일어나는 경우만 생각했는데, 운동방향으로 수직인 y축 방향에 대한 광선의 전파를 알아보기 위해서 관성계 $K(x, y, t)$와 $K'(x', y', t')$는 y축과 y'축을 포함해서 표기할 것이다.

비가 똑바로 쏟아질 때 움직이는 기차 안에서 보면 차창의 빗줄기는 비스듬하게 뒤쪽 방향이 된다. 별빛이 머리 위에 도달할 때도 마찬가지로 별의 궤적은 지구가 진행하는 방향과 반대편의 비스듬하게 뒤쪽 방향으로 보일 것이다.

실제로 별에서 지구에 도달하는 빛은 비스듬한 방향으로 관측되는데 이를 광행차라고 한다. 이것은 지구의 공전에 의한 현상으로 지동설의 가장 직접적인 증거가 된다. 반년 후 같은 별의 빛을 보면 빛의 방향이 지축에 반대로 기울어져 관측된다(그림 8-3). 광행차를 처음 발견한 사람은 1728년 용자리 감마성을 관찰하던 제임스 브래들리[James Bradley, 1693~1762]였다.

그런데 직각삼각형의 빗변은 다른 두 변보다 길이가 반드시 길다. 머

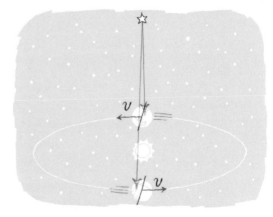

그림 8-3 **지구의 공전에 의한 광행차.**

리 위에서 도달하는 빛의 속도에 관측자의 속도를 더하면(양측은 직교한다), 비스듬하게 진행하는 빛의 속력은 빛의 속도를 뛰어넘지 않을까? 이제부터 그렇지 않다는 것을 설명할 것이다.

관성계 K에 대해서 x축 방향으로 상대속도 $-v$로 운동하는 관성계 K'를 생각해 보자(상대속도는 여기만 예외적으로 $-v$로 한다). K'상에서 이 운동방향에 수직인 y'축 방향을 향해서 원점에서 플래시 빛을 쪼인다. 플래시 빛의 전파는 K'상에서 $x'=0$, $y'=ct'$로 나타난다. 광원(관성계 K')에 대해서 속도 v로 운동하는 로켓(관성계 K)에서 이 빛의 전파를 관찰해 보자(그림 8-4).

로렌츠 변환(제5강 식⑪)에서(단 v는 $-v$로 한다), $x'=0$에 의해서 $x=-vt$가 성립하므로 x축 방향으로 향하는 빛의 성분은 항상 $-vt$이다. $y'=ct'$에 로렌츠 변환의 $y'=y$와 t' 식(단 v는 $-v$로 한다)을 대입하면 다음 식을 얻는다.

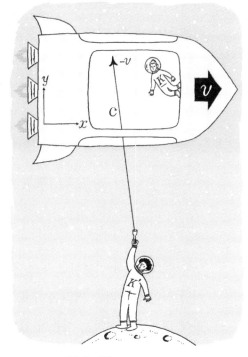

그림 8-4 **광행차 실험**.

$$y = c\frac{t + \frac{v}{c^2}x}{\sqrt{1 - \frac{v^2}{c^2}}} = c\frac{t + \frac{v}{c^2}(-vt)}{\sqrt{1 - \frac{v^2}{c^2}}}$$

$$= ct\frac{1 - \frac{v^2}{c^2}}{\sqrt{1 - \frac{v^2}{c^2}}} = ct\sqrt{1 - \frac{v^2}{c^2}} \qquad \cdots ④$$

여기서 $\sqrt{1 - \frac{v^2}{c^2}} < 1$이므로 y축 방향으로 향하는 빛의 성분 y는 ct보다 짧은 것을 알 수 있다. 게다가 v가 c에 가까워지면 $y \approx 0$이 되기 때문에 관성계 K에서의 빛의 궤적은 x축 주변까지 기울어지게 된다. 빛의 궤적은 y축 방향으로 향하는 빛의 전파와 $x = -vt$를 더한 것이므로 x와 y에 직각이 낀 삼각형의 빗변이 대응한다. 식 ④에서 빛의 이동거리는 다음과 같다.

$$\sqrt{x^2 + y^2} = \sqrt{v^2t^2 + c^2t^2\left(1 - \frac{v^2}{c^2}\right)}$$

$$= \sqrt{v^2t^2 + c^2t^2 - v^2t^2}$$

$$= \sqrt{c^2t^2} = ct \qquad \cdots ⑤$$

즉 비스듬하게 진행하는 빛은 역시 빛의 속도로 전달되고, 일정한 시간 동안에 달리는 거리는 수평일 때와 다르지 않다. 빛의 전파방향에 대해서 직교하는 이동이 있다 해도 반드시 광속불변이 유지되는 것을 알 수 있다.

텐서 도입

이 책도 중반부를 넘어섰으니 물리량을 수학적인 방법으로 분류해 보자. 질량이나 중력 퍼텐셜과 같이 단독으로 하나의 값을 취하는 양을 스칼라라고 한다. 또 이미 수차례 등장한 벡터는 (x, y)나 (x, y, z)처럼 몇 개의 성분이 조합되어 위치나 속도 같은 하나의 양을 나타낸다. 이런 '성분의 수'를 차원이라고 한다. 예를 들어 (x, y)는 2차원이고 스칼라는 1차원이다.

첨자를 사용하면 벡터 (x, y)를 (x_1, x_2)이나 x_i($i=1, 2$로 성분을 나타낸다)처럼 하나의 첨자(i)로 나타낼 수 있다. 그런 '첨자의 수'를 계수^{order}라고 하고, 첨자와 성분이 조합되어 전체적으로 하나의 양을 나타내는 것을 텐서라고 한다. 벡터는 첨자가 1개이므로 계수가 1인 텐서이고, 스칼라는 첨자가 없기 때문에 계수가 0인 텐서이다.

이제 어떤 벡터 (x_1, x_2)를 다른 벡터 (x'_1, x'_2)로 바꾸는 변환에 대해 생각해 보자. 벡터의 각 성분은 좌표를 나타내는 변수라고 한다.

$$\begin{cases} x'_1 = a_{11}x_1 + a_{12}x_2 \\ x'_2 = a_{21}x_1 + a_{22}x_2 \end{cases} \qquad \cdots ⑥$$

a_{11} 등은 벡터의 각 성분 x_1, x_2에 대한 계수이며, 변환을 결정하는 값을 갖는 상수이다. 변환을 나타내는 우변에는 상수항(변수를 포

함하지 않은 항)이 나타나지 않는 것으로 가정한다. 상수항이 없는 1차식에 의한 변환을 1차 변환이라고 한다.

예를 들어 $(x_1, x_2) \equiv (x, t)$, $(x'_1, x'_2) \equiv (x', t')$이라고 놓을 수 있다면 로렌츠 변환(제5강)은 다음 식처럼 식 ⑥의 형태로 나타낼 수 있으므로 1차 변환이다.

$$x' = \frac{x - vt}{\sqrt{1 - \dfrac{v^2}{c^2}}},$$

$$t' = \frac{t - \dfrac{v}{c^2}x}{\sqrt{1 - \dfrac{v^2}{c^2}}} = \frac{-\dfrac{v}{c^2}x + t}{\sqrt{1 - \dfrac{v^2}{c^2}}} \qquad \cdots ⑦$$

식 ⑥의 계수만 꺼내어 2행 2열의 '행렬' 형태로 나열해 보자.

$$\boldsymbol{A} \equiv \begin{pmatrix} a_{11} & a_{12} \\ a_{21} & a_{22} \end{pmatrix} \qquad \cdots ⑧$$

식 ⑧은 각 성분 a_{ij}가 2개의 첨자($i = 1, 2$; $j = 1, 2$)를 갖고, 각 첨자에 성분이 2개씩 있으므로 2차원이고 계수가 2인 텐서이다. 두 첨자 중 첫 번째를 '행(가로 나열)' 번호, 두 번째를 '열(세로 나열)' 번호라고 한다.

벡터 성분을 세로 1열로 나열하는 기법을 사용하면 식 ⑥에 나타난 2차원 벡터의 변환은 다음과 같이 나타낼 수 있다.

$$\begin{pmatrix} x'_1 \\ x'_2 \end{pmatrix} = \begin{pmatrix} a_{11}x_1 + a_{12}x_2 \\ a_{21}x_1 + a_{22}x_2 \end{pmatrix} = \boldsymbol{A} \begin{pmatrix} x_1 \\ x_2 \end{pmatrix}$$

식 ⑧의 텐서와 벡터의 '곱'을 다음 식과 같이 정의하면 된다.

$$\begin{pmatrix} a_{11} & a_{12} \\ a_{21} & a_{22} \end{pmatrix} \begin{pmatrix} x_1 \\ x_2 \end{pmatrix} \equiv \begin{pmatrix} a_{11}x_1 + a_{12}x_2 \\ a_{21}x_1 + a_{22}x_2 \end{pmatrix} \quad \cdots ⑨$$

식 ⑥과 식 ⑨를 다시 살펴보면 각 성분 a_{ij}은 벡터 성분 x_j을 성분 x'_i로 유도하는 양이다(같은 첨자의 대응에 주의). 따라서 텐서 $\boldsymbol{A}$는 전체적으로 어떤 벡터에서 다른 벡터를 유도한다.

로렌츠 변환식(제5강 식 ⑪)을 식 ⑨의 표기법으로 나타내면 다음과 같다.

$$\begin{pmatrix} x' \\ t' \end{pmatrix} = \frac{1}{\sqrt{1 - \frac{v^2}{c^2}}} \begin{pmatrix} 1 & -v \\ -\frac{v}{c^2} & 1 \end{pmatrix} \begin{pmatrix} x \\ t \end{pmatrix} \quad \cdots ⑩$$

벡터나 텐서의 앞에 놓인 상수는 모든 성분에 곱하는 것으로 가정한다. 이런 예처럼 텐서를 사용하면 연산기호를 줄이고 여러 개의 식을 하나의 식으로 나타낼 수 있다는 장점이 있다. 또 $\frac{1}{\sqrt{1 - \frac{v^2}{c^2}}}$와 같은 공통된 계수를 정리하거나 텐서끼리 연산을 실행해서 계산을 편하게 하는 작업으로도 이어진다. 텐서는 상대성이론이나 양자역학에서 매우 중요한 역할을 해왔다.

2행 2열(2×2로 표현한다) 행렬을 사용한 가장 간단한 예는 다음 식이다.

$$\begin{pmatrix} x'_1 \\ x'_2 \end{pmatrix} = \begin{pmatrix} 1 & 0 \\ 0 & 1 \end{pmatrix} \begin{pmatrix} x_1 \\ x_2 \end{pmatrix} = \begin{pmatrix} x_1 \\ x_2 \end{pmatrix}$$

각 성분의 1과 0을 식 ⑨에 대입해서 확인해 보자.

이처럼 벡터가 변화하지 않는 행렬을 단위행렬이라고 한다. 단위
행렬을 곱하는 것은 스칼라로 치면 계수 1을 곱한 것과 같다.

또 다음 식과 같이 단위행렬에 상수를 곱해서 스칼라 k를 행렬로
나타낼 수도 있다.

$$\begin{pmatrix} x'_1 \\ x'_2 \end{pmatrix} = k \begin{pmatrix} 1 & 0 \\ 0 & 1 \end{pmatrix} \begin{pmatrix} x_1 \\ x_2 \end{pmatrix} = \begin{pmatrix} k & 0 \\ 0 & k \end{pmatrix} \begin{pmatrix} x_1 \\ x_2 \end{pmatrix} = \begin{pmatrix} kx_1 \\ kx_2 \end{pmatrix} \text{에서}$$

$$\begin{pmatrix} x'_1 \\ x'_2 \end{pmatrix} = k \begin{pmatrix} x_1 \\ x_2 \end{pmatrix}$$

물리학에서 쓰이는 텐서의 예를 하나 들어보자.

변형하지 않은 물체(강체라고 한다)에 관해서 각속도 벡터(그 성분
은 각 좌표축 주변의 각속도)에서 각운동량 벡터(그 성분은 각 좌표축 둘
레의 각운동량)를 유도하는 양은 관성 텐서로, 회전하고 있는 물체의
묵직한 정도를 나타낸다. 관성 텐서는 3차원 벡터끼리 관련 있는 양
이기 때문에 3×3행렬이 된다.

예를 들어 비행기에서는 좌우 축에 대한 회전(피치^{pitch}), 전후 축에
대한 회전(롤^{roll}), 상하 축에 대한 회전(요^{yaw})이 각각이고, 같은 토크

를 가해도 회전운동의 묵직한 정도가 다르다(제3강). 그렇기 때문에 스칼라가 아닌 텐서를 사용해야 한다.

그런데 출발점인 식 ⑥으로 돌아가 $x'_i = a_{i1}x_1 + a_{i2}x_2 (i=1, 2)$로 나타내면 식은 하나로 해결된다. 게다가 이 식은 다음과 같이 더 간단히 나타낼 수도 있다.

$$x'_i = a_{ij}x_j \qquad \cdots ⑪$$

만약 같은 첨자가 나왔다면(식 ⑪의 경우는 j), 각 성분을 적용해서 그 총합을 취하도록 한다. 아인슈타인이 처음 소개한 이 텐서 표기법(아인슈타인표기법이라고 한다)은 첨자가 많은 식에서 위력을 발휘한다. 4차원 시공간을 다루는 중력장 방정식에는 2계 이상의 텐서가 주로 나오는데, 각 첨자에 성분이 4개씩 있으므로 2계의 텐서는 4×4의 큰 행렬이 된다.

아인슈타인의 중력장 방정식

텐서를 사용한 대표적인 식으로는 중력장 방정식(아인슈타인 장 방정식$^{\text{Einstein field equations}}$)이 있다.

$$G_{\mu\nu} = -\kappa T_{\mu\nu} \qquad \cdots \textcircled{12}$$

좌변의 텐서는 '아인슈타인 곡률 텐서'라고 한다. 곡률이란 공간의 휜 정도를 말하는데 중력장에 따른 시공간의 휘어짐을 곡률 텐서에 의해 기하학적으로 나타낼 수 있다. 첨자 μ(그리스문자 뮤)와 ν(그리스문자 뉴)는 4차원 시공간의 네 성분을 취한다. 아인슈타인은 공간을 1, 2, 3, 시간을 4로 했는데, 시간을 0, 공간을 1, 2, 3으로 할 수도 있다.

우변의 텐서는 '에너지 · 운동량 텐서'라고 하는데, 물질이나 장의 밀도와 흐름(시간적 · 공간적 이동)을 나타내는 양이다. 우변의 κ(그리스문자 카파)는 비례상수로, '아인슈타인 중력상수'라고 한다. 식 ⑫의 의미를 한마디로 나타내면 '시공간의 휘어짐은 물질의 분포로 결정된다'는 것이다.

중력장 방정식을 처음 유도했던 1915년 11월에 발표한 논문의 서문은 다음과 같은 강한 어조로 끝맺고 있다.

> 진정으로 이 이론을 이해한 사람이라면 누구도 이 매력
> 에서 벗어날 수 없을 것이다. 그것은 가우스, 리만, 크

리스토펠^{Elwin Bruno Christoffel, 1829~1900}, 레비 치비타^{Levi−Civita,} ^{1873~1941}에 의해 구축된 일반미분계산법의 대성공을 의미한다.

식 ⑫의 도출은 아인슈타인의 1916년 논문 〈일반상대성이론의 기초〉에 자세히 설명되어 있다. 이 논문에서는 리만기하학의 기초가 전부 증명되어 이해하기 쉽게 해설되어 있어 대학 초급 미분적분학(편미분 포함)을 배우면 읽을 수 있다. 다 읽은 후의 그 성취감은 말로 표현하기 어려울 정도이다.

이 논문의 독일어 원문은 인터넷상에 공개되어 있다. 영어 번역은 의역이 많고 편집상 실수도 있기 때문에 독일어 원문을 참조할 것을 권한다.

인터넷상에 게재된 문헌은 프린스턴대학출판국에서 출판한《The Digital Einstein Papers》이며 《알베르트 아인슈타인 전집》에 기초해 출판한 지 2년이 지난 후에 공개되었다. 이것은 아인슈타인이 직접 연관된 3만 점이 넘는 문서에 모두 주해를 달아 편찬한 프로젝트로, 아인슈타인이 쓴 서간뿐만 아니라 아인슈타인이 받은 편지도 일부 채록되어 있다. 아인슈타인의 사고를 더듬어볼 수 있는 중요한 1차 자료로, 완성이 기대된다. 1987년 제1권이 출판된 후 30여 년이 지난 이제야 겨우 1925년의 논문까지 도달했다.

그림 8-5의 일러스트는 아인슈타인이 일본을 방문했을 때(1922년) 오카모토 잇페이^{岡本一平, 1886~1948}가 즉석에서 옆모습을 그린 것이다.

그 밑에 아인슈타인이 자필 사인을(A 위의 화살표는 '초상화의 주인공은…'이라는 뜻) 하고 다음 한마디를 덧붙였다.

Albert Einstein order Die Nase als
Gedanken — Reservoir
(알베르트 아인슈타인, 어쩌면 사고저장고인 코)
아인슈타인은 파이프담배 애호가였다.

그림 8-5
오카모토 잇페이가 그린 아인슈타인 초상화
(1922년 12월 10일 도쿄 아사히신문 석간에 게재).

'우주항'이라는 발상

1917년이 되자 아인슈타인은 〈일반상대성이론에 관한 우주론적 고찰〉이라는 논문에서 중력장 방정식에 약간 손을 댔다.

$$G_{\mu v} = \Lambda g_{\mu v} = -\kappa T_{\mu v} \qquad \cdots ⑬$$

식 ⑫에 대해서 식 ⑬에서는 좌변의 제2항으로 Λ(그리스문자 람다) 라는 비례상수를 포함하는 '우주항'이 추가되었다. $g_{\mu v}$는 '계량 텐서'라고 한다. 계량이란 거리를 측정하는 것으로, 시공간의 각 점에서 거리와 각도를 계량 텐서에 의해 기하학적으로 증명할 수 있다.

또한 식 ⑬의 각 텐서의 정의에는 부호를 취하는 방법이 플러스와 마이너스 두 가지가 있는데 양쪽 다 틀린 것은 아니다. 이 책은 아인슈타인의 논문 표기법을 따랐다.

우주항이 있든 없든 기초 원리와 중력장 방정식은 문제없이 성립한다. 아인슈타인은 처음에 Λ를 '보편상수'라고 했지만(기호도 소문자 람다 λ를 사용했다), 나중에는 우주상수라고 불리게 되었다. 최근에는 대체로 우주항 전체를 '우주상수'라고 한다.

이 우주항은 논문에 있듯이 '공간적으로 닫힌 우주라는 가설을 충족시킨다'라는 명확한 의도로 도입되었다. 중력장 방정식으로 얻을 수 있는 다양한 '해'는 우주 모형의 후보가 될 수 있다. 그중에서 어떤 모형이 실제 우주에 맞는지를 검토해야만 한다.

$\Lambda > 0$일 때 무한원에 대한 극한($r \to \infty$)에서는 우주항 때문에

거리에 비례한 '반중력'이 발생한다. 반중력은 매우 약하기 때문에 태양계 내에서는 관측되지 않지만, 은하계를 초월하는 스케일로 작용한다고 생각할 수 있다. 그렇게 먼 거리에서 중력을 상쇄할 반중력이 필요하다고 보았기 때문이다.

특수상대성이론과 일반상대성이론에 의해서 대부분의 법칙에 대한 이해는 더욱 깊어졌다. 예를 들어 화학반응 전후로 질량이 바뀌지 않는다는 '질량보존법칙'은 질량에너지 등가원리(제6강)에 따라 에너지 보존법칙으로 통일되었다.

빛의 속도가 불변량이라는 것은 상대성이론의 출발점이었다. 갈릴레이 변환에서는 '가속도'가 불변량이었지만(제5강), 로렌츠 변환에서는 더 이상 불변량이 아니었다. 그래서 가속도에 관한 운동법칙(제4강)은 부득이하게 수정되었다. 이 부분에 대해서는 제9강에서 설명할 것이다.

그리고 일반상대성이론에서는 선소의 제곱인 $\Delta s^2 = c^2 \Delta t^2 - \Delta x^2$이 일반 좌표 변환에 대해 불변량일 것을 요구한다. 특수상대성이론에서도 선소는 불변량이었지만(제6강), 다시 가속계를 비롯해 이 불변법칙을 더욱 확장한 점이 중요했다. 또 일반상대성이론에서 중력과 관성력이 상쇄될 만한 '자유낙하계'를 국소적으로 생각하면 특수상대성이론으로 귀착한다.

공간의 두 점을 잇는 곡선 중 거리가 가장 짧은 것을 측지선이라고 한다. 측지선은 빛이 지나는 길과 일치한다. 예를 들어 태양 둘레에서 측지선을 구하면 직선이 아닌 곡선이 된다. 빛의 전파라는 자연현상을 순수하게 공간기하학으로 나타낼 수 있게 된 만큼 물리학과 수학의 행복한 관계는 한층 더 깊어졌다고 할 수 있다.

대칭성이란

상대성이론의
심오한 세계

제9강에서는 '대칭성'이라는 관점에서 상대성이론의 심오한 세계를 엿보고자 한다. 이것은 제10강에 나오는 대칭성을 이해하는 데 필요한 준비작업도 될 것이다. 본강의 후반에는 지금까지 다뤄온 전자기파(빛)의 기초가 될 전자기 현상을 소개하면서 전자기학과 특수상대성이론의 긴밀한 관계성에 관해서 설명할 것이다. 대칭성은 자연이 지닌 근원적인 아름다움이다. 그 매력을 음미하며 과학의 심오한 세계를 살펴보자.

빛의 궤적의 대칭성

자연의 아름다움에 대해 어쩌면 가장 예민한 감각을 가졌었을 폴 디랙^{Paul Adrien Maurice Dirac, 1902~1984}은 다음과 같이 말했다.

> 단순성의 원리에 위배됨에도 불구하고 물리학자들이 상 대성이론을 이렇게까지 받아들이는 이유는 그 탁월한 수 학적 아름다움 때문이다. 예술에서 느끼는 아름다움과는 질적으로 다른 이 아름다움은 수학을 연구하는 사람이라 면 어렵지 않게 진가를 알아볼 것이다. 상대성이론은 자 연의 기술에 대해서 지금까지 전례가 없는 수학적 아름 다움을 이끌어냈다.

또 블랙홀을 예언했던 찬드라세카르^{Subrahmanyan Chandrasekhar, 1910~1995} 는 다음과 같이 말했다.

> 적어도 한 사람의 상대성이론 연구자에게 있어서 이 이 론의 매력은 그 수학적 구조의 조화로운 정합성에 있다.

상대성이론에서 볼 수 있는 대칭성은 찬드라세카르가 말하는 '조 화로운 정합성'의 전형이다. 제5강에서 도입한 '시공간 그래프'에 관해서 그 대칭성을 살펴보자.

지금까지와 마찬가지로 관성계 $K(x, ct)$에 대해서 x방향으로 상대속도 v로 운동하는 관성계 $K'(x', ct')$를 생각한다. 물론 로렌츠 변환을 전제로 한다. 관성계 K상에서 $x=ct$라는 직선은 원점을 통과하는 45° 기울어진 직선이 된다(그림 9-1). 이 직선은 시공간 그래프에서 시간과 공간이 정확히 대칭되어 이제부터 살펴볼 물리적인 의미를 지닌다.

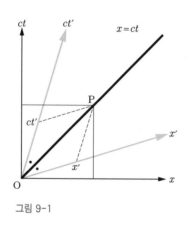

그림 9-1

$x=ct$라는 직선상의 점 $P(ct, ct)$는 경과 시간 t일 때 $x=ct$ 위치에 있으므로 원점$(0, 0)$에서 x축 방향으로 출발한 빛(속도 c)의 도달점이다. 즉 원점 O와 P를 잇는 궤적은 시공간 그래프 상에서 '빛의 궤적'을 나타낸다.

빛이 전달되는 이 모습을 관성계 K'에서 관찰해 보자. 시공간 그래프에서는 빛의 궤적을 나타내는 직선상의 점 P의 좌표 (x', ct')를 살펴보면 된다. 점 P에서 x'축과 ct'축에 각각 평행인 선(그림 9-1 파선)을 긋고, 양축과의 교점을 구하면 x'와 ct'의 값을 얻을 수 있다.

이 2개의 교점과 원점 O 및 점 P로 생기는 평행사변형이 '마름모꼴'인 것은 기하학적으로 증명할 수 있다(☆). 따라서 $x'=ct'$가 된다.

점 P(ct', ct')는 경과시간 t'일 때 $x'=ct'$ 위치에 있으므로 원점($0, 0$)에서 x'축 방향으로 출발한 빛(속도 c)의 도달점이다. 이로써 관성계 K'에서도 광속불변이 성립하는 것을 확인할 수 있다. 이렇게 해서 어떤 관성계를 선택하든 광속의 불변성은 항상 보증된다.

사교좌표계의 대칭성

일본의 꽃꽂이인 생화·입화의 세계에는 '고금원근古今遠近'이라는 개념이 있다. 꽃꽂이에서의 나무와 풀은 의미가 다르다는 것이다. 나무는 기르는 데 시간이 걸리고(古) 산(遠)에 많다. 반면 풀은 1년짜리 생명이면서(今) 지척의 들판(近)에 있다. 그래서 나무를 뒤에, 풀을 앞에 배치하면 시간(고금)과 공간(원근)의 확장이 동시에 표현된다. 시간과 공간이 혼연일체가 되어 대칭적으로 표현되는 모습에서 상대성이론으로 통하는 철학을 느낄 수 있을 것이다. 상대성이론의 기초는 시간과 공간의 대칭성에 있기 때문이다.

그런데 x' 축과 ct' 축의 기울기는 속도 v에 따라 변화한다. 그렇다면 v가 좀 더 빛의 속도에 가까워질 때 이 두 축은 어떻게 될까? 두 축을 대신해서 양팔로 v가 0에서 c까지 변화하는 모습을 표현해 보자. 그렇게 하면 그림 9-2와 같이 '로렌츠 체조, 제1. 팔을 앞으로 닫는 운동'이 된다.

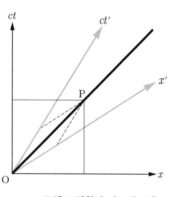

그림 9-2 **로렌츠 변환과 사교좌표계.**

즉 속도 v가 빛의 속도에 가까워지면 시간축과 공간축이 서로 가까워지고, 마침내 양쪽 다 $x=ct$이라는 직선과 겹치게 된다. 이것이 한계이며 양팔이 서로 빠져나가는 일은 일어나지 않는다.

상대성이론에서는 빛의 속도를 초월할 수 없기 때문에 '시간이 미래에서 과거로, 보통과는 반대로 흐른다'거나 '결과에서 원인이 발생한다'는 공상을 뒷받침할 만한 근거는 전혀 없다. 따라서 SF에 나오는 말들은 마치 상대성이론에서 비롯된 것처럼 오해를 불러일으키는 것뿐이다.

로렌츠 체조!

자 함께!

앞으로 닫아요!

공간과 시간의 대칭적 변환

로렌츠 변환(제5강 식 ⑪)에서는 공간 x'와 시간 t'가 서로 비슷한 식이었지만, 우변의 분자 형태가 조금 달랐다. 그런데 다음과 같은 식으로 하면 완전히 똑같은 형태로 나타낼 수 있다.

$$x' = \frac{x - \frac{v}{c}ct}{\sqrt{1 - \frac{v^2}{c^2}}}, \quad ct' = \frac{ct - \frac{v}{c}x}{\sqrt{1 - \frac{v^2}{c^2}}} \qquad \cdots ①$$

식 ①은 로렌츠 변환으로 바로 얻을 수 있다. x'식은 분자를 $x - vt = x - \frac{v}{c}ct$로 변형하면 된다. t'식은 양변에 c를 곱하면 된다. 그 결과 공간 x'와 시간 ct' 중 어느 쪽이든 분자의 제2항에 '$-\frac{v}{c}$'라는 완전히 똑같은 계수가 나타난다.

식 ①은 공간 x와 시간 ct를 대칭적으로 변환하고 있다. 즉 식은 어느 쪽이든 한쪽만으로도 충분하다. x와 ct 그리고 x'와 ct'를 바꿔 넣기만 해도 다른 쪽 식을 나타낼 수 있다.

이 대칭성은 어째서 발생한 것일까? 그 답은 시공간 그래프에서 시간축을 ct라고 했던 것처럼(제5강), 식 ①에서도 시간 t 대신에 ct를 이용한 데 있다. 그렇기 때문에 변환식에서도 '시공간'을 대칭화시킬 수 있었다. 시공간 그래프에서 ct'축($x'=0$)은 $x = \frac{v}{c}(ct)$이고, x'축($ct'=0$)은 $ct = \frac{v}{c}x$이었던 것을 떠올려 보자.

또 식 ①에서 빛의 극한 '$v \to c$'에서 x'와 ct'가 일정하기 위해서는 우변의 분자값이 0, 즉 $x=ct$여야만 한다. 이것은 다음과 같은 방법으로 증명할 수 있다. $v \to c$이고 $\frac{v}{c} \to 1$이므로 만약 $x \neq ct$라면 우변의 분모값이 0에 가깝기 때문에 분자값을 매우 작은 값으로 나누게 되어, 우변이 얼마가 되든 큰 값이 되어 버린다. 이것은 좌변의 x'와 ct'가 유한값을 취하는 것에 모순된다. 따라서 $x=ct$여야만 한다. $x=ct$라는 이 식은 빛의 궤적이었다.

로렌츠 역변환

지금까지와 반대로 관성계 $K'(x', t')$에서 관성계 $K(x, t)$로의 변환을 생각해 보자. 거꾸로 하는 변환이기 때문에 이것을 로렌츠 역변환이라고 한다. 결론을 먼저 나타내면 다음 식과 같다.

$$x = \frac{x' + vt'}{\sqrt{1 - \frac{v^2}{c^2}}}, \quad t = \frac{t' - \frac{v}{c^2}x'}{\sqrt{1 - \frac{v^2}{c^2}}} \qquad \cdots ②$$

수식의 대칭성에 익숙해지도록 식 ②를 아래에 나오는 다양한 방법으로 증명해 보자.

1 식 ② 우변의 x'와 t'에 로렌츠 변환식(식 ①)을 대입하면 좌변을 얻을 수 있기 때문에 식 ②가 옳은 것이 증명된다(☆펜과 종이를 준비해 계산해 보자).

2 (x, t)를 변수로, (x', t')를 상수로 가정하면, 로렌츠 변환식(식 ①)은 연립이원일차방정식의 형태가 된다. 이 연립방정식에서 x나 t 중 한쪽을 소거하고 남은 변수에 대해서 풀면 된다(☆펜과 종이를 준비해 계산해 보자).

3 물리학적 사고를 이용하면 계산 없이도 식 ②를 유도할 수 있다. 로렌츠 역변환이란 관성계 $K'(x', t')$에서 관성계 $K(x, t)$를 본 경우이므로 상대속도는 $-v$가 된다. 따라서 로렌츠 변환

식(식 ①)에서 v를 $-v$로 치환하면 된다. 이때 분모는 v의 제곱이므로 변하지 않는다. 그리고 우변이 (x', t')이고 좌변이 (x, t)가 되도록 프라임($'$)을 찍어서 바꾸면 된다. 이상의 사고는 제5강에서 로렌츠 변환을 도출할 때 이미 사용한 적이 있었음을 기억하자.

행렬과 군

제8강에 이어 행렬의 일반적인 연산에 관해 보충한 후 로렌츠 변환에 적용할 것이다. 행렬 연산은 매우 강력해서 본강에서는 빼놓을 수 없는 도구로 이용된다.

텐서와 벡터의 곱(제8강의 식 ⑨)으로 다음 식을 구한다(알아보기 쉽게 행을 파선으로 둘러쌌다).

$$A \equiv \left(\begin{array}{cc} a & b \\ \hline a' & b' \end{array} \right) \text{으로 하면,}$$

$$A \left(\begin{array}{c} x \\ y \end{array} \right) = \left(\begin{array}{c} ax + by \\ a'x + b'y \end{array} \right),$$

$$A \left(\begin{array}{c} x' \\ y' \end{array} \right) = \left(\begin{array}{c} ax' + by' \\ a'x' + b'y' \end{array} \right)$$

먼저 이 기본형을 확실하게 기억하자. 그리고 벡터 $\left(\begin{array}{c} x \\ y \end{array} \right)$와 $\left(\begin{array}{c} x' \\ y' \end{array} \right)$를 2열로 나열해 행렬 $B \equiv \left(\begin{array}{cc} x & x' \\ y & y' \end{array} \right)$를 만든다(열을 파선으로 둘러쌌다). 각 성분에 프라임(′)을 붙이는지 여부에 따라 A에서는 행을, B에서는 열을 구별했다.

두 행렬의 '곱'은 지금 설명한 텐서와 벡터의 곱을 확장해서 다음과 같이 정의할 수 있다. 이 곱셈 결과(우변)는 $A \left(\begin{array}{c} x \\ y \end{array} \right)$와 $A \left(\begin{array}{c} x' \\ y' \end{array} \right)$

의 결과(상기)를 2열로 나열한 형태가 된다(열을 파선으로 둘러쌌다).

$$AB = \begin{pmatrix} a & b \\ a' & b' \end{pmatrix} \begin{pmatrix} x & x' \\ y & y' \end{pmatrix}$$

$$\equiv \begin{pmatrix} ax+by & ax'+by' \\ a'x+b'y & a'x'+b'y' \end{pmatrix} \qquad \cdots ③$$

두 행렬의 곱셈에서는 곱하는 순서가 중요하다. 곱하는 순서를 반대로 하면 다음 식처럼 행과 열의 관계가 달라져서, 일반적으로는 다른 결과가 되므로 주의해야 한다.

$$BA = \begin{pmatrix} x & x' \\ y & y' \end{pmatrix} \begin{pmatrix} a & b \\ a' & b' \end{pmatrix}$$

$$= \begin{pmatrix} ax+a'x' & bx+b'x' \\ ay+a'y' & by+b'y' \end{pmatrix}$$

$$\neq AB$$

이처럼 연산 순서를 바꾸면 결과가 달라지는 것을 '비가환'이라고 한다. 사실 $AB - BA \neq 0$이라는 계산규칙이 양자역학의 중요한 착상이 되었다. 덧붙여 실수의 덧셈이나 곱셈은 가환(연산의 순서를 바꿔도 결과가 같은 것)이지만, 예를 들어 $2-1 \neq 1-2$나 $2 \div 1 \neq 1 \div 2$처럼 뺄셈이나 나눗셈은 비가환이다.

또 단위행렬 E와의 곱은 다음 식처럼 언제나 가환이다. 실제로 식 ③의 정의에 적용해서 가환임을 확인해 보자(☆).

$$C \equiv \begin{pmatrix} a & b \\ c & d \end{pmatrix}, \quad E \equiv \begin{pmatrix} 1 & 0 \\ 0 & 1 \end{pmatrix} \text{으로 하면}$$

$$CE = EC = C$$

계속해서 식 ③을 이용하면 다음 식이 성립하는 것에 주목하자.

$$\begin{pmatrix} a & b \\ c & d \end{pmatrix}\begin{pmatrix} d & -b \\ -c & a \end{pmatrix} = \begin{pmatrix} ad - bc & 0 \\ 0 & -bc + ad \end{pmatrix}$$

$$= (ad - bc)\begin{pmatrix} 1 & 0 \\ 0 & 1 \end{pmatrix}$$

이 성질에서 $ad - bc$가 0이 아닌 경우는 다음과 같이 역행렬(원래 행렬과의 곱이 단위행렬이 되는 것)을 정의할 수 있다. 역행렬은 원래의 행렬 오른쪽 어깨에 '−1제곱'을 붙여서 역수처럼 표시한다.

$$C^{-1} = \begin{pmatrix} a & b \\ c & d \end{pmatrix}^{-1} \equiv \frac{1}{ad - bc}\begin{pmatrix} d & -b \\ -c & a \end{pmatrix} \cdots ④$$

식 ④에 따라 다음 식과 같이 원래의 행렬과 역행렬의 곱은 단위행렬이 된다. 단위행렬과의 곱과 마찬가지로 이 특수한 경우도 가환이다(☆).

$$CC^{-1}=C^{-1}C=E$$

게다가 역행렬 C^{-1}의 역행렬, 즉 $(C^{-1})^{-1}$은 원래의 행렬 C 와 동일하다. 역행렬의 정의에서 $C^{-1}(C^{-1})^{-1}=E=C^{-1}C$이므로 $(C^{-1})^{-1}=C$가 된다.

여기에서 두 연산의 순서를 바꿔도 결과는 동일하다는 '결합법 칙', 즉 $A(BC)=(AB)C$가 일반 행렬에 대해 성립한다. 예를 들어 $C(C^{-1}A)=(CC^{-1})A=EA=A$라는 변형에서 결합법칙이 쓰인다.

결합법칙이 성립하는 '곱'이 일정한 행렬에서는 단위행렬과 역행 렬이 각각 단위원과 역원이라고 하는 '원'(집합의 요소)이 된다. 일반 적으로 '결합법칙 성립, 단위원 존재, 역원 존재'라는 세 가지 공리 를 만족시키는 집합을 '군'이라고 한다. 특히 행렬의 곱은 비가환이 기 때문에 그러한 행렬의 집합은 곱에 대해서 '비가환군'을 이룬다. 군의 이론인 '군론'은 대칭성에 관한 개념의 토대가 되고 있다.

그런데 역행렬은 일반적인 연립이원일차방정식을 풀 때 도움이 된다. $ad-bc \neq 0$이면 다음과 같이 연립방정식의 해는 한 쌍만 정 해진다.

$$C\begin{pmatrix} x \\ y \end{pmatrix}=\begin{pmatrix} x' \\ y' \end{pmatrix}$$의 양변에 왼쪽부터 C^{-1}을 곱하면

$$\begin{pmatrix} x \\ y \end{pmatrix}=C^{-1}\begin{pmatrix} x' \\ y' \end{pmatrix}$$

로렌츠 역변환과 역행렬

제8강의 식 ⑩에서 로렌츠 변환식을 행렬로 나타냈는데 로렌츠 역변환은 그 행렬의 역행렬에 대응한다. 로렌츠 변환식은 행렬 $\boldsymbol{\Gamma}$(그리스문자 감마)를 정의하고 다음과 같이 나타낼 수 있다.

$$\boldsymbol{\Gamma} \equiv \begin{pmatrix} \dfrac{1}{\sqrt{1-\dfrac{v^2}{c^2}}} & \dfrac{-v}{\sqrt{1-\dfrac{v^2}{c^2}}} \\[2em] \dfrac{-\dfrac{v}{c^2}}{\sqrt{1-\dfrac{v^2}{c^2}}} & \dfrac{1}{\sqrt{1-\dfrac{v^2}{c^2}}} \end{pmatrix} \equiv \begin{pmatrix} a & b \\ c & d \end{pmatrix} \text{라고 놓고}$$

$$\begin{pmatrix} x' \\ t' \end{pmatrix} = \boldsymbol{\Gamma} \begin{pmatrix} x \\ t \end{pmatrix}$$

식 ④의 $ad-bc$를 구하면 다음 식과 같이 1이므로 $\boldsymbol{\Gamma}$의 역행렬을 구할 수 있다.

$$\dfrac{1}{\sqrt{1-\dfrac{v^2}{c^2}}} \times \dfrac{1}{\sqrt{1-\dfrac{v^2}{c^2}}} - \left(\dfrac{-v}{\sqrt{1-\dfrac{v^2}{c^2}}} \right) \times \left(\dfrac{-\dfrac{v}{c^2}}{\sqrt{1-\dfrac{v^2}{c^2}}} \right)$$

$$= \dfrac{1}{1-\dfrac{v^2}{c^2}} - \dfrac{\dfrac{v^2}{c^2}}{1-\dfrac{v^2}{c^2}} = \dfrac{1-\dfrac{v^2}{c^2}}{1-\dfrac{v^2}{c^2}} = 1$$

$$\therefore \boldsymbol{\Gamma}^{-1} \equiv \begin{pmatrix} \dfrac{1}{\sqrt{1-\dfrac{v^2}{c^2}}} & \dfrac{v}{\sqrt{1-\dfrac{v^2}{c^2}}} \\[4mm] \dfrac{\dfrac{v}{c^2}}{\sqrt{1-\dfrac{v^2}{c^2}}} & \dfrac{1}{\sqrt{1-\dfrac{v^2}{c^2}}} \end{pmatrix} \quad \cdots ⑤$$

이로써 로렌츠 역변환 식은 다음과 같이 나타낼 수 있다.

$$\begin{pmatrix} x \\ t \end{pmatrix} = \boldsymbol{\Gamma}^{-1} \begin{pmatrix} x' \\ t' \end{pmatrix} = \frac{1}{\sqrt{1-\dfrac{v^2}{c^2}}} \begin{pmatrix} 1 & v \\ \dfrac{v}{c^2} & 1 \end{pmatrix} \begin{pmatrix} x' \\ t' \end{pmatrix}$$

행렬 앞에 놓인 상수는 모든 성분에 곱한다는 것을 상기하자. 식 ④를 정확히 기억하고 있으면 식 ⑤와 같이 역행렬만 구해도 식 ②를 유도할 수 있다. 로렌츠 변환과 로렌츠 역변환이 나타내는 '대칭성'은 식 ⑤의 역행렬의 성질에 의해 수학적으로 뒷받침된다.

행렬처럼 앞선 개념을 배우거나 식 ④와 같은 '공식'을 암기해두면 계산이 편해지는데, 이것은 루빅큐브를 푸는 것과 비슷하다. 풀이 시간이 최단이어야 하는 스피드큐빙에서는 순서가 긴 정공법뿐만 아니라 다양한 개별 '공식'을 외워둘 필요가 있다. 본강에서는 행렬이 대칭성의 아름다움을 얼마나 쉽게 볼 수 있게 해주는지 음미해 보자.

로렌츠 역변환과 사교좌표계

로렌츠 역변환의 식 ②로 그 기하학적 표현을 확인해 보자. 관성계 $K'(x', ct')$ 쪽에서 변환하므로 변환 전의 x'축과 ct'축을 직교좌표계라고 하자. 변환 후 x축과 ct축은 어떤 사교좌표계가 될까?

ct축 상에서는 항상 $x=0$이 성립하지만 그것은 식 ②에서 $x'+vt'=0$, 즉 $x'=-vt'$ $=-\dfrac{v}{c}(ct')$일 때이다. 그래프를 눕혀서 보면, ct축은 ct'축이 $\dfrac{v}{c}$ 비율로 x'축의 마이너스 방향으로 기울어진 직선이다(그림9-3).

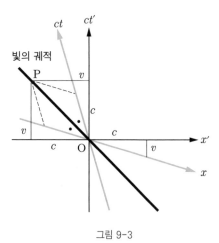

그림 9-3

한편 x축 상에서는 항상 $ct=0$이 성립하는데, 그것은 식 ②에서 $t'+\dfrac{v}{c^2}x'=0$, 즉 다음 식을 충족시키는 경우이다.

$$t'=-\frac{v}{c^2}x'$$

$$\therefore ct'=-\frac{v}{c}x' \qquad \cdots ⑥$$

따라서 x축은 x'축이 $\dfrac{v}{c}$ 비율로 ct'축의 마이너스 방향으로 기울어진 직선이다.

또 관성계 K' 상에서 $x'=-ct'$라는 직선은 원점을 통과하는 −45° 기울어진 직선이 된다(그림 9-3). $x' = -ct'$ 라는 직선상의 점 P$(-ct', ct)$은 경과 시간 t'에 대해 $x' = -ct'$ 위치에 있기 때문에 원점 $(0, 0)$에서 x'축의 마이너스 방향으로 출발한 빛(속도 $-c$)의 도달점이다. 즉 원점 O와 점 P를 잇는 궤적은 시공간 그래프 상에서 '빛의 궤적'을 나타낸다.

빛이 전달되는 이 모습을 관성계 K에서 관찰해 보자. 시공간 그래프에서는 빛의 궤적을 나타내는 직선상의 점 P의 좌표(x, ct)를 살펴보면 된다. 점 P에서 x축과 ct축에 각각 평행한 선을 긋고 양 축과의 교점을 구하면 x와 ct의 값을 얻을 수 있다.

이 2개의 교점과 원점 O 및 점 P로 생기는 평행사변형이 '마름모꼴'인 것을 기하학적으로 증명할 수 있다(☆). 따라서 $x = -ct$가 된다.

점 P$(-ct, ct)$는 경과 시간 t일 때 $x = -ct$ 위치에 있으므로 원점 $(0, 0)$에서 x축의 마이너스 방향으로 출발한 빛(속도 $-c$)의 도달점이다. 이로써 관성계 K에서도 광속불변이 성립하는 것을 확인할 수 있다.

x축과 ct축의 기울기는 속도 v에 따라 변화한다. 그렇다면 v가 좀 더 빛의 속도에 가까워질 때 이 두 축은 어떻게 될까? 로렌츠 변환일 때처럼 두 축을 대신해서 양팔로 v가 0에서 c까지 변화하는 모습을 표현해 보자. 그렇게 하면 그림 9-4와 같이 '로렌츠 체조 제2. 팔을 좌우로 벌리는 운동'이 된다.

즉 속도 v가 빛의 속도에 가까워지면 시간축과 공간축이 서로 가까워지고, 마침내 양쪽 다 $x' = -ct'$ 이라는 직선과 겹치게 된다.

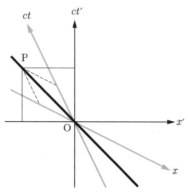

그림 9-4 **로렌츠 역변환과 사교좌표계**

답 공간과 시간은 시공간 그래프에서 대칭적으로 다루어진다. 그리고 식 ①과 같이 공간과 시간이 변환식에서도 대칭적으로 다루어지는 것을 살펴보았다. 그런데 제5강에서 설명했듯이 시간은 지연되고 공간은 수축한다. 이 두 상대론적 효과가 대칭이 되지 않는 이유는 시간 지연과 로렌츠 수축 간에 '계측 방법'이 다르기 때문이다.

시공간 그래프에서의 시간 지연과 로렌츠 수축은 두 점 사이의 거리를 측정하는 것이나 다름없다. 하지만 설명을 곰곰이 생각하면 알 수 있듯이 (x', ct')와 (x, ct)에 프라임(')을 바꿔 찍으면 상대성을 나타낼 수 있지만, 시간 지연과 로렌츠 수축에서는 $x' \leftrightarrow t'$이나 $x \leftrightarrow t$라는 치환이 성립하지 않기 때문이다. 아래에 제5강의 설명을 요약한다.

시간 지연에서는 $x=0$에 놓인 시계가 $t=t_1$을 가리킬 때의 t_1'을 구했다. 그리고 $x'=0$에 놓인 시계가 $t'=t_1'$을 가리킬 때 t_1을 구함으로써 상대성을 나타냈다.

반면 로렌츠 수축에서는 관성계 K'에서 길이 l인 막대가 정지해 있을 때 관성계 K상에서 $t=0$일 때 사진을 찍고 $x'=l$, $t=0$에서 x를 구했다. 그리고 관성계 K에서 길이 l인 막대가 정지해 있을 때 관성계 K' 상에서 $t'=0$일 때 사진을 찍고 $x=l$, $t'=0$에서 x'를 구함으로써 상대성을 나타냈다.

즉 로렌츠 수축에서는 $x'=l$, $t'=0$에서 x를 구하는 것도 아니고 $x=l$, $t=0$에서 x'를 구하는 것도 아니다. 공간의 길이를 측정하기 위해서는 측정하는 관성계 쪽에서 시간을 고정해야 하는데, 이것이 '사진을 찍는다'라는 길이의 측정방법이다.

운동량과 에너지의 로렌츠 변환

제6강에서는 상대론적인 운동량과 에너지를 정의했었다(제6강 식 ⑰과 식 ⑳). 여기에 정의식을 다시 써 보자.

$$p \equiv m\frac{\Delta x}{\Delta \tau}, \ E \equiv mc^2\frac{\Delta t}{\Delta \tau} \qquad \cdots ⑦$$

간단한 계산으로 운동량과 에너지의 로렌츠 변환을 구할 수 있다. 먼저 공간에 대한 '변위의 로렌츠 변환'(제5강 식 ⑫)을 이용해 ⑦의 정의식을 적용하면 다음 식이 성립한다.

$$p' \equiv m\frac{\Delta x'}{\Delta \tau} = \frac{m}{\Delta \tau}\frac{\Delta x - v\Delta t}{\sqrt{1 - \frac{v^2}{c^2}}} = \frac{1}{\sqrt{1 - \frac{v^2}{c^2}}}\left(m\frac{\Delta x}{\Delta \tau} - vm\frac{\Delta t}{\Delta \tau} \right)$$

$$\therefore p' = \frac{p - \frac{v}{c^2}E}{\sqrt{1 - \frac{v^2}{c^2}}} \qquad \cdots ⑧$$

또 시간에 대한 '변위의 로렌츠 변환'을 이용해 ⑦의 정의식을 적용하면 다음 식이 성립한다.

$$E' \equiv mc^2 \frac{\Delta t'}{\Delta \tau} = \frac{mc^2}{\Delta \tau} \frac{\Delta t - \frac{v}{c^2} \Delta x}{\sqrt{1 - \frac{v^2}{c^2}}}$$

$$= \frac{1}{\sqrt{1 - \frac{v^2}{c^2}}} \left(mc^2 \frac{\Delta t}{\Delta \tau} - vm \frac{\Delta x}{\Delta \tau} \right)$$

$$\therefore E' = \frac{E - vp}{\sqrt{1 - \frac{v^2}{c^2}}} \qquad\qquad \cdots \text{⑨}$$

이렇게 얻은 식 ⑧과 식 ⑨는 운동량과 에너지의 로렌츠 변환이다. 즉 운동량과 에너지는 공간과 시간처럼 일체화되어 변환된다. 이 두 식을 공간과 시간의 로렌츠 변환식과 비교해서 살펴보자.

$$\begin{cases} x' = \dfrac{x - vt}{\sqrt{1 - \frac{v^2}{c^2}}}, \quad t' = \dfrac{t - \frac{v}{c^2}x}{\sqrt{1 - \frac{v^2}{c^2}}} \\[4ex] p' = \dfrac{p - \frac{v}{c^2}E}{\sqrt{1 - \frac{v^2}{c^2}}}, \quad E' = \dfrac{E - vp}{\sqrt{1 - \frac{v^2}{c^2}}} \end{cases}$$

우변에 나오는 분수의 분자를 보면 운동량 p'의 식이 시간 t'의 식과 형태가 같고 $\left[\text{제2항의 계수가} -\frac{v}{c^2}\right]$, 에너지 E'의 식이 공간 x'의 식과 형태가 같은데[제2항의 계수가 $-v$], 이 대응은 표면적이다. 왜냐하면 3차원 벡터인 운동량이 공간에, 즉 p'가 x'에, 1차원 스칼라인 에너지가 시간에, 즉 E'가 t'에 대응하기 때문이다. 더구나 대응하는 물리량은 서로 공역이었다(제6강). 실제로 식 ⑧과 식 ⑨를 다음 식처럼 변형하면 양쪽 식은 분자 형태가 같아서$\left(양쪽 다 -\dfrac{v}{c}\right)$, 식 ①과 똑같은 형태가 된다.

$$p' = \frac{p - \dfrac{v}{c}\dfrac{E}{c}}{\sqrt{1 - \dfrac{v^2}{c^2}}}, \quad \frac{E'}{c} = \frac{\dfrac{E}{c} - \dfrac{v}{c}p}{\sqrt{1 - \dfrac{v^2}{c^2}}} \qquad \cdots ⑩$$

식 ①과 마찬가지로 식 ⑩은 운동량 p와 에너지 E를 '대칭적으로' 변환한다. 지금까지 완전히 다른 물리량이라고 생각했던 운동량과 에너지가 시공간과 마찬가지로 서로 연관되는 모습에 상대성이론의 묘미가 있다.

식 ⑩에서 빛의 극한 '$v \to c$'에서 p'와 $\dfrac{E'}{c}$가 일정하기 위해서는 우변의 분자값이 0, 즉 $p = \dfrac{E}{c}$여야만 한다. 이 식은 '빛의 관계식'(제6강 식 ⑲)이었다.

그런데 식 ①과 식 ⑩을 행렬로 나타내면 다음 식과 같다.

$$\boldsymbol{\Gamma} \equiv \frac{1}{\sqrt{1 - \dfrac{v^2}{c^2}}} \begin{pmatrix} 1 & -\dfrac{v}{c} \\ -\dfrac{v}{c} & 1 \end{pmatrix} \text{라고 놓고,}$$

$$\begin{pmatrix} x' \\ ct' \end{pmatrix} = \boldsymbol{\Gamma} \begin{pmatrix} x \\ ct \end{pmatrix}, \quad \begin{pmatrix} p' \\ \dfrac{E'}{c} \end{pmatrix} = \boldsymbol{\Gamma} \begin{pmatrix} p \\ \dfrac{E}{c} \end{pmatrix} \qquad \cdots ⑪$$

즉 로렌츠 변환의 행렬은 공간·시간과 운동량·에너지에서 완전히 똑같은 행렬이다. 이처럼 같은 번호의 행과 열(예를 들어 제1행과 제1열)이 같은 성분을 가지는 행렬을 '대칭행렬'이라고 한다. 로렌츠 역변환은 다음 식과 같이 되는데 역시 대칭행렬로 나타난다.

$$\boldsymbol{\Gamma}^{-1} \equiv \frac{1}{\sqrt{1 - \dfrac{v^2}{c^2}}} \begin{pmatrix} 1 & \dfrac{v}{c} \\ \dfrac{v}{c} & 1 \end{pmatrix} \text{라고 놓고,}$$

$$\begin{pmatrix} x \\ ct \end{pmatrix} = \boldsymbol{\Gamma}^{-1} \begin{pmatrix} x' \\ ct' \end{pmatrix}, \quad \begin{pmatrix} p \\ \dfrac{E}{c} \end{pmatrix} = \boldsymbol{\Gamma}^{-1} \begin{pmatrix} p' \\ \dfrac{E'}{c} \end{pmatrix}$$

상대론적 힘

여기에서 상대론적인 '힘'에 관해서 생각해 보자. 먼저 '변위의 로렌츠 변환'과 마찬가지로 식 ⑧과 식 ⑨에서 다음 식을 얻을 수 있다.

$$\Delta p' = \frac{\Delta p - \dfrac{v}{c^2}\Delta E}{\sqrt{1 - \dfrac{v^2}{c^2}}} \, , \ \ \Delta E' = \frac{\Delta E - v\Delta p}{\sqrt{1 - \dfrac{v^2}{c^2}}}$$

각각의 식에서 양변을 고유시간 $\Delta\tau$로 나누면 다음 식을 얻는다.

$$\frac{\Delta p'}{\Delta\tau} = \frac{\dfrac{\Delta p}{\Delta\tau} - \dfrac{v}{c^2}\dfrac{\Delta E}{\Delta\tau}}{\sqrt{1 - \dfrac{v^2}{c^2}}} \, , \ \ \frac{\Delta E'}{\Delta\tau} = \frac{\dfrac{\Delta E}{\Delta\tau} - v\dfrac{\Delta p}{\Delta\tau}}{\sqrt{1 - \dfrac{v^2}{c^2}}} \qquad \cdots ⑫$$

고전역학에서의 힘의 정의(제4강 식 ⑦)를 떠올려 보자. 상대론적 운동량의 정의(제6강 식 ⑰)에서 시간 변위 Δt를 고유시간 $\Delta\tau$로 대신한 것과 마찬가지로 고유시간 $\Delta\tau$당 운동량 변화 Δp를 상대론적인 힘 F라고 정의한다.

$$F \equiv \frac{\Delta p}{\Delta\tau} \, , \ \ F' \equiv \frac{\Delta p'}{\Delta\tau} \qquad \cdots ⑬$$

식 ⑬에서 구해진 힘은 로렌츠 변환에서 식 ⑫와 같은 방법으로 변환된다.

고전역학의 극한, 즉 $\frac{v}{c} \to 0$에서는 제6강 식 ⑯에 의해 $\Delta \tau \to \Delta t$ 이므로 식 ⑬에 의한 힘의 정의는 고전역학에서의 힘의 정의로 귀착된다.

이 발상은 1907년 발표한 아인슈타인의 논문에 이미 서술되어 있다. 이렇게 뉴턴의 제2법칙은 상대성이론에 의해 운동량과 힘이 모두 수정되었다.

운동량과 에너지의 관계식

제6강의 식 ⑱과 식 ㉑로 운동량과 에너지의 관계식을 유도할 수 있다.

$$p = \frac{mv}{\sqrt{1 - \frac{v^2}{c^2}}}, \quad E = \frac{mc^2}{\sqrt{1 - \frac{v^2}{c^2}}} \text{ 이므로,}$$

$$p = \frac{v}{c^2}E \qquad\qquad\qquad \cdots ⑭$$

물체상의 한 점에 고정된 관성계에서는 $\Delta x' = 0$이므로(제6강), 운동량도 $p' = 0$이 되어 식 ⑧에서도 식 ⑭를 얻을 수 있다.

또 식 ⑭에 $v = c$를 대입하면 '빛의 관계식'인 $p = \frac{E}{c}$을 얻는다. 단 광자를 특별 취급하는 것이 아니다. 입자의 질량이 0이면 빛의 속도로 운동한다.

운동량과 에너지 사이에는 다시 다음 '등식'이 성립한다.

$$E'^2 - c^2 p'^2 = E^2 - c^2 p^2 = \text{const.} \qquad \cdots ⑮$$

식 ⑮는 'E^2과 $c^2 p^2$의 차이는 모든 관성계에서 같다'라는 의미이다. 그 증명은 좌변에 로렌츠 변환식(식 ⑧과 식 ⑨)을 대입해서 다음과 같이 계산을 진행하면 된다. 계산 방법은 제6강 식 ⑫를 증명했을 때와 동일하다.

$$E'^2 - c^2 p'^2 = \left(\frac{E - vp}{\sqrt{1 - \dfrac{v^2}{c^2}}} \right)^2 - c^2 \left(\frac{p - \dfrac{v}{c^2}E}{\sqrt{1 - \dfrac{v^2}{c^2}}} \right)^2$$

$$= \frac{1}{1 - \dfrac{v^2}{c^2}} \left(E^2 - 2vpE + v^2 p^2 - c^2 p^2 + 2vpE - \frac{v^2}{c^2}E^2 \right)$$

$$= \frac{1}{1 - \dfrac{v^2}{c^2}} \left(E^2 - c^2 p^2 - \frac{v^2}{c^2}E^2 + v^2 p^2 \right)$$

$$= \frac{1}{1 - \dfrac{v^2}{c^2}} \left\{ (E^2 - c^2 p^2) - \frac{v^2}{c^2}(E^2 - c^2 p^2) \right\}$$

$$= E^2 - c^2 p^2$$

식 ⑮는 시공간에서 성립하는 것과 똑같은 등식으로 운동량과 에너지 사이에는 찬드라세카르가 말하는 '조화로운 정합성'이 있다. 그런데 '운동량과 에너지에는 시공간과 조화를 이루는 어떤 성질이 있는 것은 아닐까?'라는 생각이 들었다면 그 사람은 혜안을 가졌다고 할 수 있다. 이제부터 그 심오함을 설명하고자 한다.

대칭성과 보존법칙

물리학 용어로서의 '대칭성'은 물리량이 어떤 변환에서 불변량이 되는 것을 의미한다. 또 물리법칙 그 자체의 불변성도 대칭성이라고 칭한다. 대칭성의 예로는 회전대칭성, 거울대칭성, 상대성이 있다.

벡터의 길이를 변화시키지 않는 변환은 평행이동, 회전, 거울반전이고, 확대·축소를 제외한 아핀변환(affinis는 프랑스어로 '관련 있는'이라는 뜻)에 대응한다. 평행이동(병진)해도 성질이 변하지 않는 것을 일반적으로 병진불변성이라고 한다.

'보존법칙'이란 물리량의 총합이 운동에 따라 불변하게 유지된다는 법칙으로 불변법칙이라고도 한다. 변하지 않고 유지되는 이 물리량을 보존량이라고 한다. 보존법칙의 예로는 각운동량 보존법칙(제3강)과 운동량 보존법칙(제4강)이나 에너지 보존법칙(제6강)이 있다.

운동량이나 에너지는 각 관성계에서 보존되지만 로렌츠 변환의 불변량이 아니다. 운동량이나 에너지는 시공간과 일체화되어 변환되는 물리량이다.

뇌터 정리

대칭성과 보존법칙이 밀접하게 관련되어 있다는 것을 처음 알린 사람은 1918년 에미 뇌터[Emmy Noether, 1882~1935]였다. 뇌터 정리라고 하는 이 발견은 다음과 같이 요약할 수 있다.

> 운동에 관한 작용량이 어떤 물리량 A에 대한 변환(이동)에서 불변일 때, 그 물리량 A에 공역인 물리량 B는 보존된다. 그 역도 옳다.

제6강에서 설명했듯이 작용량이란 위치와 운동량의 곱이나, 시간과 에너지의 곱 등과 같이 두 물리량의 곱으로 나타내지는 물리량을 말한다. 곱으로 작용량을 이루는 두 물리량을 서로 공역이라고 한다. 뇌터 정리가 성립하는 대표적인 세 가지 예를 들어보자.

1 작용량이 시간에 대한 변환(병진)에서 불변일 때('시간의 균일성'이라고 한다), 시간에 공역인 에너지는 보존된다. 그 역도 옳다.
2 작용량이 위치에 대한 변환(병진)에서 불변일 때('공간의 균일성'이라고 한다), 공간에 공역인 운동량은 보존된다. 그 역도 옳다.
3 작용량이 각도에 대한 변환(회전)에서 불변일 때('공간의 등방성'이라고 한다), 각도에 공역인 각운동량은 보존된다. 그 역도 옳다.

이들의 등치성은 18세기 후반에서 19세기에 걸쳐 확립된 분석역학에서 증명되었다. 병진이나 회전 같은 변환에 대한 불변성은 균일성이나 등방성이라는 대칭성이다. 예를 들어 시간의 균일성은 과거·현재·미래의 어느 시간에서나 운동법칙에 차이가 없다는 것을 의미한다. 만약 우주가 시작된 빅뱅 전후에 시간에 대한 균일성이 깨졌다면 이때는 에너지 보존법칙도 성립하지 않게 된다.

만약 시간은 균일한데 공간이 균일하지 않았다고 가정해 보자. 그러면 로렌츠 변환에 따라 시간이 불균일한 다른 관성계가 생겨날 수 있다. 시간이 균일한 관성계에서는 에너지가 보존되지만, 변환 후의 관성계에서는 에너지가 보존되지 않는다는 것은 상대성원리에 위배된다. 그러므로 시간이 균일하다면 공간도 균일해야 한다.

마찬가지로 공간이 균일하다면 시간도 균일하므로 에너지와 운동량은 함께 보존되거나 보존되기 않거나 둘 중 하나밖에 될 수 없다. 상대성이론에서는 시공간이 대칭적인 것과 마찬가지로 에너지와 운동량도 일체화되어 있다.

'보존법칙은 왜 성립하는가?'라고 누군가 묻는다면 '대칭성이 있기 때문'이라고 대답할 수 있다.

전하와 전류

역학과 전자기학은 서로 다른 강의나 교과서에서 다루는 경우가 많아서 완전히 별개의 체계라고 생각할 수도 있다. 하지만 특수상대성이론이 역학과 전자기학을 멋지게 통일한 것처럼 물리는 어디까지나 하나이다.

다양한 전자기 현상을 일으키는 전기의 실체가 '전하'이고, 이 전하의 흐름을 전류라고 한다. 1암페어[A]의 전류가 1초 동안 운반하는 전하량을 1쿨롱[C]이라고 정의한다.

전류의 구체적인 예는 금속 안에 있는 전자(일렉트론)의 흐름이다. 1개의 전자가 가지는 전하량 e (1.602×10^{-19}C)를 기본전하라고 하고 전하량의 기준으로 삼는다.

전지나 콘센트 전원에서는 전류를 흐르게 하는 전압이 가해진다. 전압의 단위는 볼트[V]이다. 전기저항이 일정한 경우 전류는 전압의 크기에 비례한다.

지름 1mm의 구리선에 1A의 전류를 흐르게 할 때 전자의 평균이동속도는 약 0.05mm/s 정도로 매우 느리지만, 전자의 수가 많기 때문에 느려도 큰 전류가 된다. 그런데 전등 스위치를 켰을 때의 전압변화는 1m의 구리선을 5나노초(1나노초는 10억 분의 1초) 정도면 전달된다. 이 속력은 2×10^8m/s(즉 빛의 속도의 $\frac{2}{3}$배)에 해당한다. 즉 전압변화는 전자의 이동으로 인한 것이 아니라 케이블 내에 발생한 전자기파가 원인이다.

전기회로에서는 다음의 두 법칙으로 이루어진 '키르히호프 법칙'
이 기본이다.

1 전기회로의 어느 점에서나 전류의 합은 0이 된다(유입과 유출이
 상쇄한다).
2 전기회로의 어느 폐회로에서나 전압의 합은 0이 된다.

법칙1은 전하의 총합이 변하지 않는다는 전하량 보존법칙으로 전
자의 흐름이라는 미세한 현상으로 뒷받침된다. 법칙2는 에너지 보
존법칙으로 에너지는 무無에서 생성되지 않는다.

전자는 원자핵을 구성하는 양성자(프로톤)나 중성자(뉴트론)와 마
찬가지로 물질을 구성하는 기본적인 입자이다. 양성자의 전하는
$+e$(양전하), 전자의 전하는 $-e$(음전하) 그리고 중성자의 전하는 0
이다. 독일어에서 명사를 남성, 여성, 중성으로 분류하듯이 전하를
이렇게 세 종류로 분류하는 것은 꽤 흥미롭다.

또 원자핵의 양성자와 중성자를 결합시키는 것은 중력도 전자기
력(하기)도 아닌 강한상호작용(핵력)이라는 다른 힘이다.

전기장과 자기장

전하나 전류, 자극磁極(제10강)에 작용하는 힘을 전자기력이라고 한다. 정지한 전하가 만드는, 전하당 위치에너지를 '정전 퍼텐셜' 또는 전위라고 한다. 전압은 두 곳 사이의 정전 퍼텐셜의 차, 즉 '전위차'를 의미한다.

전하 q에서 거리 r만큼 떨어진 곳의 전위 $V(r)$은 다음 식과 같이 q에 비례하고 r에 반비례한다. k는 비례계수이다.

$$V(r) = k\frac{q}{r} \qquad \cdots ⑯$$

제7강에서 설명한 중력 퍼텐셜과 마찬가지로 전위가 감소하는 방향의 기울기에 의해 전하당 보존력이 발생한다. 이 보존력을 전기장이라고 한다. 전기장은 벡터이고 $\boldsymbol{E} = (E_x, E_y, E_z)$로 나타낸다. 괄호 안은 x, y, z축 방향의 각 성분이다. 전기장의 세기는 전위의 기울기이므로 볼트 퍼 미터 $\left[\frac{V}{m}\right]$ 단위로 나타낸다.

공간 변위 Δr에 대한 전위차 ΔV는 다음 식과 같다.

$$\Delta V = V(r + \Delta r) - V(r) = k\frac{q}{r + \Delta r} - k\frac{q}{r}$$

이 전위차에서 반지름 벡터 방향의 전기장 $E(r)$을 다음 식과 같이 구할 수 있다. 식을 변형하는 방법은 중력 퍼텐셜(제8강) 때와 비교하면 부호만 달라진다.

$$E(r) = -\frac{\Delta V}{\Delta r} = -\frac{1}{\Delta r}\left(k\frac{q}{r+\Delta r} - k\frac{q}{r} \right)$$

$$= k\frac{q}{\Delta r}\left(\frac{1}{r} - \frac{1}{r+\Delta r} \right)$$

$$= k\frac{q}{\Delta r}\left\{ \frac{r+\Delta r}{r(r+\Delta r)} - \frac{r}{r(r+\Delta r)} \right\} \qquad \cdots ⑰$$

$$= k\frac{q}{\Delta r}\frac{\Delta r}{r(r+\Delta r)} = k\frac{q}{r^2\left(1+\frac{\Delta r}{r}\right)} \rightarrow k\frac{q}{r^2}$$

$\Delta r \rightarrow 0$인 극한에서 $\left|\frac{\Delta r}{r}\right| \ll 1$가 0이 되는 것을 이용했다. 전기장에서 전하 q'가 받는 힘을 쿨롱 힘이라고 한다. 쿨롱 힘 $F(r)$은 전기장에 전하 q'를 곱한 $F(r)=q'E(r)=k\frac{qq'}{r^2}$인데, 역제곱 법칙(제2강)을 따르는 것을 알 수 있다. 이것이 쿨롱의 법칙이다. 전하 q'가 받는 힘은 전하 q와 q' 양쪽에 비례하고 전하끼리의 거리 제곱에 반비례한다. 전하 q와 q'가 같은 부호라면 $F(r)>0$에서 척력이 되고, 다른 부호라면 $F(r)<0$에서 인력이 된다.

전하의 흐름인 전류는 그 주변에 전기장뿐만 아니라 고리 모양의 자기장을 만든다. 전류의 주변에 자기 나침반을 두면 N극이 자기장 방향을 가리킨다. 이 현상은 1820년에 외르스테드[Hans C. Ørsted, 1777~1851]가 발견했지만, 앙페르[André-Marie Ampère, 1775~1836]가 법칙으로 확립시켰기 때문에 앙페르 법칙이라고 한다.

자기장은 '자속밀도'라고도 하는데 단위는 테슬라[T]이다. 자기장도 벡터이고 $\boldsymbol{B}=(B_x,\ B_y,\ B_z)$라고 나타낸다. 역사적으로 전기와 자기는 개별적으로 발견되었지만 맥스웰이 전기장과 자기장이 동시에 변한다는 것을 정식화했기 때문에 전기장과 자기장을 합쳐 전자기장이라고 했다.

게이지라는 발상

정전 퍼텐셜은 스칼라로 스칼라 퍼텐셜이라고도 한다. 전하가 운동하는 전류의 경우 속도와 방향을 갖기 때문에 전류의 공간적 분포에 따라 발생하는 퍼텐셜은 벡터가 된다. 이것이 벡터 퍼텐셜이다.

전기장 E는 스칼라 퍼텐셜이 감소하는 방향의 기울기(공간 변위당 변화)와 벡터 퍼텐셜이 감소하는 방향의 '시간 변위당 변화'를 벡터의 각 성분으로 더하면 구할 수 있다. 동시에 발생하는 자기장 B도 벡터 퍼텐셜의 공간적 변화율로 나타낼 수 있다.

그리고 벡터 퍼텐셜(3차원)과 스칼라 퍼텐셜(1차원)을 더해서 4차원 성분으로 이루어진 것을 전자기 퍼텐셜이라고 한다. 전자기장은 전자기 퍼텐셜의 시공간 변화율로 나타낼 수 있지만, 전자기 퍼텐셜에는 함수를 다루는 방법에 임의성이 있기 때문에 전하·전류·자극의 분포를 측정하기 위한 '척도'로서는 시공간의 각 점마다 로렌츠 불변성(제5강) 등의 제약조건을 부과해서 정해진다.

전자기 퍼텐셜이라는 척도를 '게이지', 전자기 퍼텐셜이 분포하는 공간을 게이지장이라고 제안하고 체계화시킨 이론이 바일Hermann Weyl, 1885~1955의 게이지장이론이다.

게이지장이론은 전자기장과 중력장에 공통된 시공간의 기하학을 지향하는 '통일장이론'의 선구가 되었다. 서로에게 좋은 동료이자 이해자였던 바일과 아인슈타인의 숙원인 통일장이론은 미완성인 채 미래에 대한 숙제로 남아 있다.

상대론적 전류밀도

고전적인 전류밀도는 단위면적을 단위시간 동안에 통과하는 전기량으로 정의된다. 전하밀도(단위 체적당 전하)를 ρ(그리스 문자로 로우), 전류의 속도를 v라고 하면 전류밀도 J는 다음 식으로 정의할 수 있다. 전하밀도 ρ를 질량 m에 대응시키면 ρv는 고전적인 운동량 mv에 해당한다.

$$J \equiv \rho v \qquad\qquad \cdots ⑱$$

상대론적인 전류밀도는 단위면적을 통과하는 고유시간 $\Delta\tau$당 전기량으로 해서 다음 식처럼 정의하면 된다. 공간 변위를 Δx로 하면 상대론적 운동량과 동일한 정의가 된다. 단 전류밀도는 운동량과 마찬가지로 벡터이다.

$$J \equiv \rho \frac{\Delta x}{\Delta \tau} \qquad\qquad \cdots ⑲$$

상대론적 효과를 생각해서 다음 식을 얻는다.

$$\Delta \tau = \Delta t \sqrt{1 - \frac{v^2}{c^2}} \text{ 이므로}$$

$$J = \frac{\rho}{\sqrt{1 - \frac{v^2}{c^2}}} \frac{\Delta x}{\Delta t} = \frac{\rho v}{\sqrt{1 - \frac{v^2}{c^2}}} > \rho v \qquad \cdots ⑳$$

이 식에서 $\sqrt{1-\dfrac{v^2}{c^2}}$ 가 항상 1보다 작으므로 상대론적인 전류밀도는 고전적인 전류밀도 ρv 보다 더 커진다. 하전입자를 빛의 속도로 달리게 하는 것은 불가능하다. 상대론적 운동량에 대한 질량과 마찬가지로 전하밀도 ρ 는 불변량이라는 사실에 주의하자.

빛의 속도라는 극한 '$v \rightarrow c$'에서는 식 ⑳의 전류밀도 J가 유한하기 때문에 $\rho=0$, 즉 전하 $q=0$이어야만 한다. 정리하면 질량 또는 전하를 가지는 입자는 아무리 가속해도 빛의 속도에 달할 수는 없다. '질량도 전하도 갖지 않는 알갱이'인 광자는 빛의 속도로 날아가는 것이 특별하게 허용된 것이다.

그런데 앙페르 법칙에 의하면 전류밀도 J(벡터)의 주변에 발생하는 고리 모양의 자기장은 전류에 수직한 방향으로 회전하고 있으며 전류밀도에 비례한다. 그림 9-5의 오른쪽처럼 전류밀도 J방향으로 오른손 엄지를 세우면 엄지를 제외한 나머지 손가락이 향하는 방향이 자기장 방향이 된다. 이것을 '오른 나사의 법칙'이라고도 하며 자기장 방향에 오른쪽(시계 방향)으로 나사를 돌리면 나사가 진행하는 방향은 전류밀도 J방향과 일치한다.

여기에서 신기한 상대론적 효과를 예상할 수 있다. 관성계 $K(x,$ $y, z, t)$에 대해서 x방향으로 상대속도 v로 이동하는 관성계 $K'(x',$ $y', z', t')$를 생각한다. 관성계 K에서 전하가 x방향으로 일렬로 분포한다고 가정하면, 각각의 전하가 정지해 있는 관성계 K에서는 쿨롱 법칙을 따르는 전기장이 발생하지만 자기장은 존재하지 않는다 (그림 9-5좌). 반면 관성계 K'에서는 전하가 운동해서 전류를 생성하기 때문에 앙페르 법칙을 따르는 고리 모양의 자기장이 발생할 것이다. 단 운동방향으로는 자기장이 생성되지 않는다($B_x=0$).

전하에 대해서 상대운동하는 것만으로 자기장이 발생하는 것이기 때문에 이상하다. 전기장과 자기장이 각각 다른 법칙에 지배받는다고 생각하는 한 이 이상함은 해결되지 않는다.

이어서 설명할 전자기장의 로렌츠 변환을 이용해 전기장을 변환하면 식 ⑳에 의한 상대론적 전류밀도를 포함하는 앙페르 법칙을 유도할 수 있다. 즉 전기장에 대한 상대운동에서 자기장이 생성되는 것은 상대론적 효과이다.

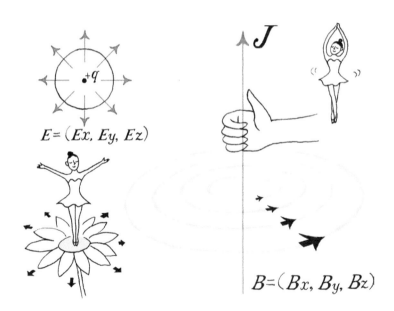

그림 9-5 **쿨롱 법칙과 앙페르 법칙**.

전자기장의 로렌츠 변환

1865년 맥스웰은 쿨롱 법칙이나 앙페르 법칙처럼 그때까지 전기장과 자기장에 대해서 별개였던 법칙을 통일해 '맥스웰 법칙'을 유도했다. 게다가 이들 전자기장이 빛의 속도로 전자기파로서 전달되는 것을 보여줬다(제5강).

그로부터 40년이 지나 전기장 $\boldsymbol{E} = (E_x, E_y, E_z)$과 자기장 $\boldsymbol{B} = (B_x, B_y, B_z)$의 '운동방향($x$방향)으로 수직인 성분'이 상대운동에 의해 대칭적으로 섞이는 모습을 나타낸 것은 약관의 아인슈타인이었다. 1905년에 발표한 논문 후반에는 전자기장의 로렌츠 변환이 다음과 같이 나타난다.

$$\begin{cases} E'_x = E_x, & B'_x = B_x \\[2em] E'_y = \dfrac{E_y - vB_z}{\sqrt{1 - \dfrac{v^2}{c^2}}}, & B'_y = \dfrac{B_y + \dfrac{v}{c^2}E_z}{\sqrt{1 - \dfrac{v^2}{c^2}}} \quad \cdots \text{㉑} \\[2em] E'_z = \dfrac{E_z + vB_y}{\sqrt{1 - \dfrac{v^2}{c^2}}}, & B'_z = \dfrac{B_z - \dfrac{v}{c^2}E_y}{\sqrt{1 - \dfrac{v^2}{c^2}}} \end{cases}$$

먼저 운동방향인 x방향에서는 전기장도 자기장도 변화하지 않는다. 운동에 수직 방향인 y방향과 z방향에서는 전기장과 자기장이 복잡하게 조합되어 있는 것 같은데 그곳에 어떤 대칭성이 있는 것일까?

식 ⑪의 y성분과 z성분을 대각선 방향에서 짝을 지어 행렬로 나타내면 다음 식과 같다.

$$\begin{pmatrix} E'_y \\ B'_z \end{pmatrix} = \frac{1}{\sqrt{1-\dfrac{v^2}{c^2}}} \begin{pmatrix} 1 & -v \\ -\dfrac{v}{c^2} & 1 \end{pmatrix} \begin{pmatrix} E_y \\ B_z \end{pmatrix},$$

$$\cdots ⑫$$

$$\begin{pmatrix} E'_z \\ B'_y \end{pmatrix} = \frac{1}{\sqrt{1-\dfrac{v^2}{c^2}}} \begin{pmatrix} 1 & v \\ \dfrac{v}{c^2} & 1 \end{pmatrix} \begin{pmatrix} E_z \\ B_y \end{pmatrix}$$

로렌츠 변환의 행렬은 지금까지 나온 것과 완전히 똑같다. 전기장과 자기장에는 찬드라세카르가 말하는 '조화로운 정합성'을 나타내는 심오한 대칭성이 숨어 있었다.

식 ⑪과 마찬가지로 전자기장도 다음 식처럼 대칭행렬로 나타낼 수 있다. 기본이 되는 $\boldsymbol{\Gamma}$ 형태만 외워두면 다른 변환식은 모두 그 변형으로 나타낼 수 있다.

$$\boldsymbol{\Gamma} \equiv \frac{1}{\sqrt{1-\dfrac{v^2}{c^2}}} \begin{pmatrix} 1 & -\dfrac{v}{c} \\ -\dfrac{v}{c} & 1 \end{pmatrix},$$

$$\boldsymbol{\Gamma}^{-1} \equiv \frac{1}{\sqrt{1-\dfrac{v^2}{c^2}}} \begin{pmatrix} 1 & \dfrac{v}{c} \\ \dfrac{v}{c} & 1 \end{pmatrix}$$ 라고 놓으면

$$\begin{pmatrix} E'_y \\ cB'_z \end{pmatrix} = \boldsymbol{\Gamma} \begin{pmatrix} E_y \\ cB_z \end{pmatrix}, \quad \begin{pmatrix} E'_z \\ cB'_y \end{pmatrix} = \boldsymbol{\Gamma}^{-1} \begin{pmatrix} E_z \\ cB_y \end{pmatrix} \quad \cdots \text{㉓}$$

전자기장에서는 로렌츠 변환과 역변환 행렬이 양쪽 다 하나의 변환식으로 나타난다. 그야말로 궁극의 대칭성이다. 전자기장의 로렌츠 역변환은 다음 식과 같다. $(\boldsymbol{\Gamma}^{-1})^{-1} = \boldsymbol{\Gamma}$가 되는 것을 떠올리자.

$$\begin{pmatrix} E_y \\ cB_z \end{pmatrix} = \boldsymbol{\Gamma}^{-1} \begin{pmatrix} E'_y \\ cB'_z \end{pmatrix}, \quad \begin{pmatrix} E_z \\ cB_y \end{pmatrix} = \boldsymbol{\Gamma} \begin{pmatrix} E'_z \\ cB'_y \end{pmatrix}$$

아인슈타인은 맥스웰 방정식 자체가 '로렌츠 불변'이라는 것을 명쾌하게 나타낸 것이다.

식 ㉑에서 빛의 극한 '$v \to c$'에서 E'_y, E'_z이나 B'_y, B'_z이 일정해지기 위해서는 우변의 분자값이 0, 즉 $E_y = cB_z$, $E_z = -cB_y$이어야만 한다. 게다가 로렌츠 역변환을 생각하면 $E'_y = -cB'_z$, $E'_z = -cB'_y$도 성립한다. 이 네 식은 다음에 설명하는 것처럼 전자기파가 충족시키는 조건식이다.

전자기파의 실체

이 네 조건식은 그림 9-6과 같이 전자기파가 진행하는 모습을 생각한다면 의미가 확실하다. 수평 오른쪽 방향은 x축, 수직 위쪽 방향은 y축, z축은 지면에 수직인 앞뒤 방향이다.

개개의 수식은 복잡해 보이지만 네 조건식에 공통되는 법칙은 다음과 같이 단순화시킬 수 있다.

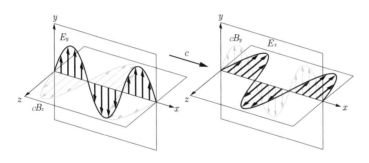

그림 9-6 **횡파로서의 전자기파**(관성계 K).

전자기파의 진행 방향을 중심으로 전기장을 오른쪽으로
90° 돌리면 자기장이 된다.

그림을 보면서 이 법칙을 확인해 보자.

그림 9-6은 관성계 K에서 x방향으로 전파되는 전자기파를 나타낸 것이다. 왼쪽 그림은 y축 방향으로 E_y를, z축 방향으로 cB_z를 나타내고 $E_y = cB_z$의 관계를 충족시킨다. 오른쪽 그림은 y축 방향

으로 cB_y을, z축 방향으로 E_z를 나타내고, $E_z = -cB_y$의 관계(양쪽 부호는 반드시 반대가 된다)를 충족시킨다.

그림 9-7은 관성계 K'에서 $-x$방향으로 전파하는 전자기장을 나타낸 것이다. 왼쪽 그림은 y축 방향으로 cB'_y를, z축 방향으로 E'_z를 나타내고, $E'_z = cB'_y$의 관계를 충족시킨다. 오른쪽 그림은 y축 방향으로 E'_y을, z축 방향으로 cB'_z을 나타내고 $E'_y = -cB'_z$의 관계(양쪽 부호는 반드시 반대가 된다)를 충족시킨다.

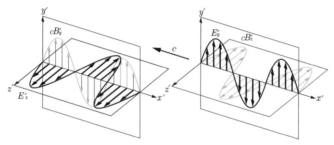

그림 9-7 **횡파로서의 전자기파**(관성계 K').

관성계 K에서 관찰되는 전자기파는 각 성분을 합성한 전기장 $\boldsymbol{E} = (0, E_y, E_z)$과 자기장 $\boldsymbol{B} = (0, B_y, B_z)$이 서로 직교하면서 전파된다. 관성계 K'에서도 마찬가지이다. 어느 쪽이나 전파의 속력은 빛의 속도 c가 된다.

이상의 고찰로 전자기파의 전기장과 자기장은 어떤 위치와 시간에서 봐도 항상 위상(주기가 정해진 파동의 마루나 골의 위치)이 같다는 것을 알 수 있다. 전자기파의 실체는 전기장과 자기장이 일체화되어 횡파로 전파되는 것이었다.

상대성이론에서 결합되는 물리량의 대칭성

빛에서 성립하는 로렌츠 변환의 불변식과 불변량을 정리해 보자. 공간과 시간에 대해서는 빛의 궤적을 나타내는 다음 식이 성립한다. 공간은 3차원 벡터이므로 x 라고 하고, 시간과 공간 모두 플러스마이너스가 될 수 있으므로 절댓값을 취한다.

$$x = \pm\, ct, \quad |x| = |ct| \qquad \cdots \text{㉔}$$

운동량과 에너지에 대해서는 빛의 입자성을 나타내는 다음 식이 성립한다. 운동량은 3차원 벡터이므로 p 라고 하고, 운동량은 플러스마이너스가 될 수 있으므로 절댓값을 취한다. 에너지의 부호에 관해서는 나중에 설명하겠지만 여기에서는 플러스마이너스를 취할 수 있는 것으로 해둔다.

$$p = \pm \frac{E}{c}, \quad |p| = \left| \frac{E}{c} \right| \qquad \cdots \text{㉕}$$

전기장과 자기장에 관해서는 빛의 파동성을 나타내는 다음 식이 성립한다. 전기장과 자기장은 3차원 벡터이므로 E, B 라고 하고 절댓값을 취한다.

$$E_y = cB_z, \quad E_z = -cB_y, \quad |E| = |cB| \qquad \cdots \text{㉖}$$

질량이나 전하가 있는 경우는 식 ㉔ ~ ㉖의 부호가 성립하지 않지만 양변을 제곱한 차를 구하면 제6강 식 ⑫나 본강 식 ⑮와 같이 로렌츠 변환의 불변량이 된다. 식 ㉖에 대해서도 마찬가지로 확인해 보자(☆). 그 밖의 불변량으로는 빛의 속도 c, 고유시간 τ, 질량 m, 전하 q, 전하밀도 ρ가 있다.

　이상으로 상대성이론은 역학과 전자기학이 일체화된 이론체계라는 것이 확실해졌다.

마이너스 운동에너지?

식 ⑮에서 나타난 운동량과 에너지의 불변량을 c^2로 나누고 식 ⑭를 대입하면 다음과 같다.

$$\left(\frac{E}{c}\right)^2 - p^2 = \left(\frac{mc}{\sqrt{1-\frac{v^2}{c^2}}}\right)^2 - \left(\frac{mv}{\sqrt{1-\frac{v^2}{c^2}}}\right)^2$$

$$= \frac{m^2c^2 - m^2v^2}{1-\frac{v^2}{c^2}} \qquad \cdots ⑳⑦$$

$$= \frac{m^2c^2\left(1-\frac{v^2}{c^2}\right)}{1-\frac{v^2}{c^2}}$$

$$= m^2c^2$$

불변식에 나타난 일정값은 질량과 빛의 속도로 정해지고, 질량 m과 빛의 속도 c가 양쪽 다 불변량인 것에 대응한다. 그렇기 때문에 제6강 식 ⑱에서 질량이 로렌츠 변환에 의해 변한다고 생각해서는 안 된다.

여기에서 식 ㉗로 에너지 E를 풀어 보자.

$$E = \pm\,c\,\sqrt{m^2c^2 + p^2} \qquad \cdots ㉘$$

만약 $p=0$이라면 $E=\pm mc^2$가 된다. 운동량이 있는 일반적인 경우에는 $E \geq mc^2$이나 $E \leq -mc^2$ 중 하나가 된다. 제6강에서는 전자의 경우만을 다루었다. 후자로 하면 정지에너지도 운동에너지도 마이너스가 되기 때문에 식 ㉘은 매우 이상한 식이다. 이것은 단순한 수학적 대칭성에 불과한 것일까?

현실에 맞지 않는 수학의 해가 나왔다면 상식적으로는 그냥 버리면 될 것이다. 하지만 디랙은 식 ㉘의 마이너스 해를 버리지 않았다. 그리고 그 발상 자체가 소립자물리학의 개막으로 이어졌다(제10강).

소립자란

극미의 대칭성

소립자는 물질을 이루는 가장 작은 단위이다. 제10강에서는 대칭성을 단서삼아 소립자의 세계를 살펴볼 것이다.

　극미의 세계에서 자연은 우주와는 다른 표정을 드러낸다. 소립자 물리학의 여명기는 초기 양자론에서 양자역학으로 전개되던 1920년대 후반부터 시작된다. 아인슈타인의 독무대였던 상대성이론에 비해 양자역학은 군웅할거의 양상이었다. 그중에서도 뛰어난 재능을 발휘하던 이가 있었으니 바로 폴 디랙이다. 디랙은 상대성이론과 양자역학의 융합을 목표로 했기에 자연의 심오한 경지까지 이해시켰다.

디랙 등장

아인슈타인이 26세에 상대성이론을 발표하고 하이젠베르크가 23세에 양자역학의 기초(행렬역학)를 구축했던 것처럼 디랙 또한 26세 때 '디랙 방정식'을 유도했다. 1928년 그가 발표한 논문의 서문에서 다음과 같은 구절을 찾아볼 수 있다.

> 남은 의문은 자연이 왜 점전하에 만족하지 못하고 전하에 대해서 이렇게 특별한 모형을 선택해야 했는가 하는 것이다.

논문 중에 '자연'의 의지를 묻는 부분에서 디랙의 개성을 엿볼 수 있다. 모노폴(자기단극자)의 존재를 최초로 예언했던 논문에서도 다음과 같이 서술되어 있다. 모노폴이란 자석의 N극이나 S극 중 한쪽 극만 갖고 있다는 가상의 입자이다(뒤에 설명).

> 이런 상황에서는 만약 자연이 그것을 사용하지 않으려고 했던 것이라면, 더욱 놀라울 것이다.

그림 10-1은 디랙의 전기본 표지인데 모형비행기를 손에 든 사람이 바로 디랙이다.

동료들의 말에 따르면 디랙의 인상은 다음과 같았다고 한다.

장신에 쇠약하고 볼품없는 체격에 말수는 극히 적었다.
…[원저자에 의한 중략] 한 분야에서는 뛰어난 인물이었지
만 그 이외의 사회적 관계에 대해서는 관심도 능력도 거
의 없었다.

셜록 홈즈와 상당히 유사하게 느껴지는 묘사이다. 어쩌면 디랙은
물리학자들의 '자문탐정'이었을지도 모른다.

그림 10-1 **디랙의 전기본.**

디랙의 모험

제9강 마지막 부분에 운동량과 에너지의 식에서 정지에너지와 운동에너지가 모두 마이너스가 되는 이상한 식이 나왔다. 디랙은 다음과 같이 서술했다.

실제로는 양의 에너지 입자밖에 관측되지 않는다. 따라서 아인슈타인의 이 공식[제9강 식 ㉘]은 실제로 관측되지 않는 '음'의 에너지 값을 허용하고 있다. 그런데 처음에는 이것을 고민하는 사람이 아무도 없었다. 그저 '이 음의 에너지들은 무시하고 양의 에너지만 연구하면 된다'고들 했다.

하지만 디랙은 납득하지 않았다. 디랙은 당시 상황을 다음과 같이 회고했다.

이처럼 양자역학과 상대성이론을 일치시키는 것은 몹시 어려운 일이다. 이 곤란함은 당시 나를 매우 번민하게 만들었지만 다른 물리학자들은 고민하는 것처럼 보이지 않았다. 왜 고민하지 않는 것인지 나는 그 이유를 알 수가 없다.

그림 10-2는 전자가 취할 수 있는 에너지 상태를 수평선으로 나타내고 음의 에너지까지 확장한 디랙의 모형이다. 선의 간격은 에너지양자 $h\nu$ (플랑크상수 h, 진동수 ν)이다. 제9강 식 ㉘에 의해 $E \geq mc^2$이나 $E \leq -mc^2$ 중 하나가 되므로 질량 m 이 0이 아닌 한, 플러스 정지에너지와 마이너스 정지에너지 사이에는 그림과 같은 간격이 생긴다.

고전역학에서는 운동을 연속적이라고 생각하기 때문에 이 간격을 뛰어넘는 이동은 불가능하다. 제2강에서 설명했듯이 에너지 E가 $h\nu$ 라는 '불연속적인 값'을 취하는 양자라면 불연속적인 이동에 제한은 없어진다. 다만 1개의 에너지 상태에는 같은 종류의 양자가 1개밖에 들어갈 수 없다. 전자는 다른 내부상태(뒤에 설명하는 스핀)를 2개 가지기 때문에 같은 에너지 상태에 2개까지 들어간다. 이 제한은 다양한 원자의 구조를 통일적으로 설명하기 위해서 파울리[Wolfgang Pauli, 1900~1958]가 도입한 개념으로, '파울리의 배타원리'라고 한다.

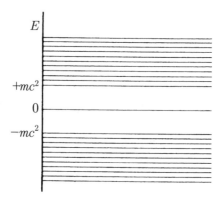

그림 10-2

디랙의 회상

디랙은 양자역학과 상대성이론을 결합해서 음의 에너지에서 양의 에너지로 또는 그 반대의 이동도 가능하다고 생각했다. 그리고 진공이라는 개념도 재검토해야 한다는 것을 깨달았다. 여기에서 말하는 진공은 일상적인 의미에서 쓰이는 '아무것도 없는 공간'이나 '1기압보다 극히 낮은 압력'이라는 의미가 아니라 다음과 같은 내용이다.

> 진공이란 에너지가 가장 낮은 상태라고 할 수 있다. 에너지가 가장 낮은 상태를 얻기 위해서는 음의 에너지 상태를 모두 충족시켜야만 한다. [중략] 진공의 새로운 추상은 음의 에너지 상태가 전부 점거되고 양의 에너지 상태는 점거되지 않은 상태라고 생각해야 한다.

이것이 '디랙의 바다'라고 불리는 진공에 대한 발상이다. 진공은 음의 에너지 상태인 입자로 채워진 바다로 비유할 수 있다.

실제 바다를 생각하면 수중의 기포는 중력과 반대방향으로 운동하기 때문에 흡사 마이너스 질량을 갖고 $+mg$(위쪽 방향)의 힘을 받는 것처럼 움직인다(그림 10-3). 그러면 기포의 정지에너지는 $-mc^2$이 된다.

만약 음의 에너지 상태의 어딘가에 '구멍'이 생겼다고 하면 그 구멍은 진공 상태와 반대이므로 양의 정지에너지와 운동에너지를 갖

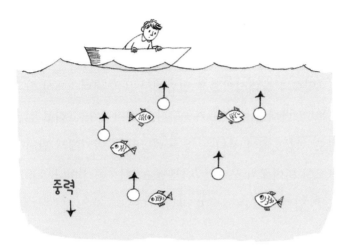

그림 10-3 **수중 기포.**

게 된다. 이로써 진공 상태에서 현실로 돌아올 수가 있다.

　마찬가지로 음전하를 가지는 전자로 점거된 진공 상태에 '구멍'이 생긴다면 반대인 양전하와, 양의 에너지를 가지는 '반입자'로 관측될 것이다.

　　이 새로운 입자의 질량은 얼마일까? 내가 처음 이 착상을 얻었을 때는 대칭성 때문에(방점은 인용자) 전자와 완전히 똑같은 질량을 가질 것이라고 생각했다. 하지만 이 착상을 추진할 용기는 없었다. 왜냐하면 만약 이 새로운 입자 (전자와 같은 질량이면서 전하가 반대인)가 존재한다면 실험가들이 이미 발견했을 것이라고 생각했기 때문이다.

1920년대 시점에서 '소립자'로 생각했던 것은 전자와 양성자 · 중성자뿐이었고, 당시 새로운 입자의 도입에 거부감이 강했던 풍조도 화근이었다. 유카와 히데키湯川秀樹, 1907~1981가 핵력의 장을 매개하는 입자로서 중간자(메손)의 존재를 예언했던 1935년경도 상황은 크게 바뀌지 않았다.

수소 원자는 양성자 1개와 전자 1개만으로 이루어져 있고, 양성자의 질량은 전자 질량의 1,836배나 된다. 중성자의 존재는 1920년경 러더퍼드Ernest Rutherford, 1871~1937가 예언했는데, 핵반응 실험으로 증명한 것은 1932년 채드윅James Chadwick, 1891~1974이었다.

> 나는 이들 '구멍'이 양전하를 가지는 양성자라는 착상을 제안하고, 왜 전자의 질량과 비교하면 훨씬 큰 질량을 갖는지에 대해서는 미해결 문제로 남겨두기로 했다. 물론 이것은 완전히 나의 착오였다. 배짱이 부족했기 때문이다. 먼저 '구멍'은 전자와 같은 질량을 갖는다고 말해야 했었다.

여기서 디랙에게 망설임이 생겼던 것인데, 실험가를 과신했기 때문이다. 디랙 본인이 '배짱이 부족했다'고 회상한 것도 흥미롭다.

'반입자' 발견

그 후 바일이나 하이젠베르크, 파울리 등은 그 새로운 입자의 질량이 전자와 동일할 것이라며 디랙을 설복하려 했지만 하나같이 실패로 끝났다. 그중에서도 가장 나이가 어렸던 오펜하이머[Robert Oppenheimer, 1904~1967]가 디랙을 설득하는 데 성공한 것은 1931년이 었다.

디랙은 그제야 전자와 똑같은 질량을 가지는 '구멍'이 발견되지 않은 입자라는 것을 인정하고 '반전자'라고 이름 붙였다. 반전자의 '반反'은 반대 부호의 전하를 갖는다는 뜻이다. 최초로 예언됐던 이 '반입자'는 양전자(포지트론)라고도 한다.

디랙의 예언대로 이듬해인 1932년 앤더슨[Carl Anderson, 1905~1991]이 우주선宇宙線(우주에서 날아오는 높은 에너지의 방사선) 속에서 양전자를 관측했다. 디랙은 1933년에, 앤더슨은 1936년에 각각 노벨물리학상을 수상했다.

우주선의 비적은 수증기와 에탄올 등의 혼합기체로 포화시킨 안개상자를 이용하면 관측할 수 있다. 비적이 남는 것은 비행기구름과 같은 원리인데, 입자의 궤적이 공기의 소용돌이로 온도가 빙점 아래까지 내려가 수분이 얼면서 하얗게 보이기 때문이다. 에탄올은 냉각제로 작용한다. 그림 10-4는 앤더슨이 최초로 양전자를 관측했을 때의 모습이다.

지면에서 안쪽 방향으로 균일한 자기장이 걸려 있다. 원형의 안개상자의 한가운데를 상하로 관통해 호를 그리는 가느다란 선이 입자의 비적이다. 비적의 구부러진 상태로 전자가 운동량을 가지는 입자라는 것을 알 수 있는데(뒤에 설명), 통상적인 안개상자를 사용하는 한 음전하를 띤 전자가 사진의 위에서 아래로 통과한 것인지 양전하를 띤 양전자가 아래에서 위로 통과한 것인지는 알 수 없다.

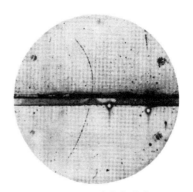

그림 10-4 **양전자 발견**.

 양전자를 발견하기 이전의 실험에서는 입자의 방향에 신경 쓰지 않았었다. 즉 전하가 반대인 입자가 존재했다고 해도 실험자는 그것을 파악할 준비가 되지 않았던 것이다. 양전하와 음전하의 입자를 명확하게 구별하기 위해서는 입자의 비적 방향을 정하지 않으면 안 된다. 그래서 앤더슨은 방사선 차폐 효과가 있는 연판의 사용을 떠올렸다. 그림 10-4의 한가운데에 수평으로 검게 보이는 것이 연판이다. 입자의 속도가 빠를수록 구부러지는 정도가 작아 직선에 가깝다가 연판을 통과한 후에는 속도가 떨어져 더 많이 구부러진 것을 보면 아래쪽에서 위쪽으로 통과했다는 것을 알 수 있다.

 양전하를 띠는 입자가 자기장에 대해 수직으로 운동할 때 진행 방향에 대해서 왼쪽 방향으로 힘을 받는다. 이를 로렌츠 힘이라고 부르며 '오른손 법칙'을 따른다. 자기장 방향으로 오른손 엄지 이외의 손가락을 향하게 하고(복수의 자기력선이 네 손가락에 대응), 세워진 오른쪽 엄지 방향으로 입자가 이동할 때 로렌츠 힘은 오른손바닥이 향하는 방향으로 작용한다.

그림 10-4의 입자는 비적이 왼쪽으로 구부러져 있다. 안쪽 방향인 자기장 속을 사진의 밑에서 위로 통과할 때 왼쪽 방향으로 힘을 받기 때문에 이 입자는 양전하를 띤 양전자가 된다. 이것이 최초의 양전자 발견이었다.

또 앤더슨은 입자의 전하를 결정하기 위해 연판을 사용했던 것이고, 처음부터 디랙의 이론적 예언을 실증하려 했던 것은 아닌 것 같다. 당시 미국의 캘리포니아공과대학에 있던 앤더슨은 양전자에 대한 확증을 얻은 후 서둘러 사이언스지에 이 사실을 발표했다. 이때 위의 사진은 아직 포함되지 않았었다.

그 후 바로 영국의 케임브리지 대학에 있던 패트릭 블래킷Patrick Blackett, 1897~1974은 우주선에서 유래한 수많은 입자들이 안개상자 내에서 샤워 모양으로 발생하는 것을 발견했다. 흥미진진하게도 새로 발생한 입자는 양전하와 음전하를 띤 전자가 반반이었다. 이것은 전자기파에서 전자와 양전자가 쌍을 이루어 발생한다는 '쌍생성'의 최초의 증거가 되었다.

이 쌍생성 사진은 이듬해인 1933년에 엔더슨의 사진보다 먼저 발표되었다. 두 그룹이 일각을 다투며 논문을 발표한 탓에 격전의 드라마가 펼쳐졌던 것이다. 1948년 블래킷은 노벨물리학상을 수상했다.

그 후 1950년대에는 기화하기 쉬운 액체수소나 프레온 등을 이

용한 안개상자가 발명되어 높은 에너지 입자를 더욱 높은 정밀도로
관측할 수 있게 되었다. 극미의 소립자는 눈에 보이지 않지만 그 비
적이라면 안개나 기포의 형태로 실제로 '볼' 수가 있다. 이런 시가
떠오른다.

바람을 본 사람은 없었다.
바람이 스쳐지나간 흔적만 보였다.
바람의 다정함도 분노도
모래만이 가르쳐주었다.

기시다 에리코岸田衿子《소나티네의 나무》

로렌츠 힘의 도출

앞에서 설명했듯이 전하를 가지는 입자가 자기장 속을 운동하면 로렌츠 힘이 작용한다. 이 로렌츠 힘은 전하를 가지는 입자에만 작용하는 '전기력'이기 때문에 전기장에서 오는 힘이라고 생각할 수 있다. 하지만 전기장은 걸려 있지 않고 자기장만 걸려 있는데 어떻게 전기력이 발생하는 것일까?

그런데 전선을 감은 코일 속에 자석을 넣으면 자석을 넣는 순간만 전선에 전류가 흐른다는 것을 페러데이[Michael Faraday, 1791~1867]가 발견했다. 반대로 자석을 고정해놓고 전선 쪽을 움직여도 전류가 흐르지만 양쪽이 서로 정지해 있을 때는 전류가 흐르지 않는다. 즉 자기장에 대해 전하를 갖는 입자나 도체(전기를 전달하는 물체)의 상대운동이 있으면 전기장이 발생한다.

상대론적인 앙페르 법칙(제9강)에서 전기장에 대한 상대운동만으로 자기장이 발생했던 것을 떠올려 보자. 전자기장의 '대칭성'을 생각한다면 자기장에 대한 상대운동만으로 전기장이 발생하는 것을 예상할 수 있다.

로렌츠 힘이 로렌츠 변환에서 '자연스럽게' 유도되는 것을 계속해서 살펴보자.

관성계 $K(x, y, z, t)$에 대해서 x방향으로 상대속도 v로 운동하는 입자에 고정된 관성계 $K'(x', y', z', t')$를 생각해보자. 전하 $+e$를 가지는 입자는 관성계 K에서 균일한 자기장($-B_z$ 방향)을 받아 그 자기장에 대해서 수직으로 운동한다. 제9강 식 ㉑에서 전기장 $\boldsymbol{E}=(\,0,0,0\,)$와 자기장 $\boldsymbol{B}=(\,0,0,-B_z\,)$를 각 식의 우변에 대입하면, 좌변이 0이 되지 않는 것은 $B'_z=-B_z$와 E'_y뿐이다. 관성계 K'에서 y' 방향으로 전기장에서 받는 힘 F'_y은 다음 식과 같다.

$$F'_y = eE'_y = e\frac{0-v(-B_z)}{\sqrt{1-\dfrac{v^2}{e^2}}} = \frac{evB_z}{\sqrt{1-\dfrac{v^2}{c^2}}} \approx evB_z \cdots ①$$

$\dfrac{v}{c}\to 0$이라는 '고전역학의 극한'에서는 $\dfrac{v^2}{c^2}$ 을 0이라고 봐도 됐기 때문에(제5강), 식 ①의 분모를 1로 근사했다. 이 힘 F'_y가 로렌츠 힘으로, 입자의 속도가 빛의 속도에 비해 느린 경우라도 작용하는 것을 알 수 있다.

힘 F'_y은 y방향인데, 입자의 진행 방향(x방향)에 대해서 항상 수직으로 작용하기 때문에 입자의 비적은 원 궤도를 그리게 된다. 그로 인해 입자의 속도는 변하지 않기 때문에 입자의 운동은 평면상의 등속원운동이 된다.

입자상에서는 식 ①의 로렌츠 힘이 원심력과 균형을 이룬다. 원심력은 회전 반지름을 r로 하면 제7강 식 ③에서 나타낼 수 있으므로 다음 식과 같이 회전 반지름을 구할 수 있다. 또 $v_\theta = v$로 해서 입자의 속도 v는 0이 아닌 것으로 가정한다.

$$evB_z = \frac{mv^2}{r} \text{에 의해} \quad r = \frac{mv^2}{evB_z} = \frac{m}{eB_z}v \quad \cdots ②$$

식 ②에서 입자의 회전 반지름 r은 그 질량, 속도(운동량), 전하뿐만 아니라 자기장의 세기로 결정된다. 회전 반지름 r은 입자의 속도 v에 비례하기 때문에 속도가 느릴수록 r이 작아지고 구부러지는 정도가 커진다. 위에서 소개한 앤더슨의 실험(그림 10-4)처럼 연판을 통과한 후에는 입자의 속도가 떨어지기 때문에 구부러지는 정도가 커지는 것을 확인할 수 있었다.

쌍생성과 쌍소멸

블래킷의 쌍생성 실증에 대해 설명했는데, 전자기파에서 입자와 그 반입자가 쌍을 이루어 생성되는 것은 이미 디랙이 이론적으로 예언했었다. 양성자의 반입자인 반양성자는 1955년 세그레[Emilio Segre, 1905~1989] 등이 발견해 1959년 노벨물리학상을 받았다. 최초로 만든 인공적 반물질은 '반수소'로 반양성자 1개와 양전자 1개로 이루어져 있다.

쌍생성의 반대 현상, 즉 입자와 반입자가 반응해서 감마선(파장이 짧은 전자기파의 일종)으로 변화하는 것도 관측되는데 이것을 쌍소멸이라고 한다. 반입자는 입자와 비교하면 압도적으로 수가 적고, 생성했다고 해도 주변에 있는 입자와 쌍소멸을 일으켜 곧 사라진다. 쌍소멸의 경우 정반대의 방향으로 같은 에너지의 감마선 2개가 발생해 에너지 보존법칙과 운동량 보존법칙을 모두 충족시킨다.

감마선이 전자와 양전자를 발생시키는 쌍생성에서는 양전자가 곧 쌍소멸을 일으킴으로써 감마선 2개가 발생한다. 그러면 그 복수의 감마선은 전자핵 등에 충돌해서 다시 쌍생성을 일으킬 가능성이 있기 때문에 기하급수적인 연쇄반응이 일어나는 경우가 있다.

가속한 전자빔과 양전자 빔이나, 양성자 빔과 반양성자 빔을 정면 충돌시키면 쌍소멸에서 다시 다른 종류의 입자 쌍생성이 발생하기도 한다. 충돌 빔 실험으로 미지의 소립자를 탐색할 때 이용된다.

만약 처음부터 반물질이 다수였다면 보통의 물질과 쌍소멸하여 세상을 만들고 있는 물질이 남아 있지 않았을 것이다. 물질과 반물질의 비대칭성 덕분에 이 세상이 있는 것이다.

자석을 2개로 자르면…

전기장과 자기장은 대칭적이어서 동등하게 다룰 수 있다는 것을 제9강 후반부터 지금까지 살펴보았다. 하지만 미시적 수준에서 생각하면 동등하지 않으며, 전하에 대응하는 '자하^{磁荷}'는 아직 발견되지 않았다. 전하는 양과 음, 그리고 0이라는 세 종류의 값을 취할 수 있는데, 자하는 N극과 S극이라는 자극 중 한쪽만 취하지는 못하고 항상 자기쌍극자라고 불리는 자극쌍으로 존재한다.

막대자석을 반으로 자르면 어떻게 될까?(그림 10-5) 반으로 쪼갠 자석은 각각 다른 두 개의 자극으로 분리되지 않고 양 끝에 N극과 S극이 있는 작은 막대자석이 될 뿐이다. 여기까지는 상식이다.

그런데 왜 이렇게 되는 것일까? 지금까지 강조해왔듯이 과학적

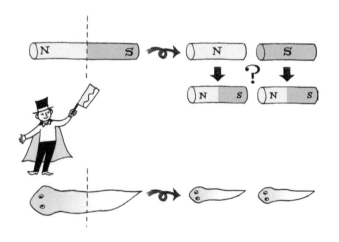

그림 10-5 **2개로 자르면….**

사고에서 중요한 것은 지식이 아니라 현상을 '설명'할 수 있는가이다. 강의 때 학생들에게 받은 질문 중에는 'N극이 있어야 S극이 있으니까'라고 대답한 학생이 있었다. 그런 건 전혀 답이 되지 않는데….

미시적 수준에서는 자석 속에 N과 S가 쌍으로 이루어진 '작은 자석'이 질서정연하게 배열된 것이라고 생각할 수 있다. 그런 최소단위를 다시 나눌 수 없다면, 어디에서 자르든 분명 양 끝이 N과 S인 쌍이 되는 것을 설명할 수 있다.

유연한 과학적 사고를 위해서 플라나리아라는 생물을 떠올려 보자. 플라나리아를 중간에서 자르면 잘린 머리 부위와 꼬리 부위에 재생이 일어나 2마리의 작은 플라나리아가 된다. 세로 방향으로 더 가늘게 10조각 정도로 잘라내도 각각 완전한 개체로 재생되는 걸 보면 놀랄 수밖에 없다. 문제는 어째서 그런 재생이 발생하는가이다. 즉 꼬리 부위가 잘린 경우, 어떻게 꼬리 쪽 말단 세포가 머리 쪽이 아닌 꼬리 쪽을 만들려고 하는지를 설명하고 싶다.

생물의 몸은 세포가 배열되어 만들어지는데, 머리 부위와 꼬리 부위에서는 세포의 종류(형태와 기능)가 다르다. 그런 차이를 '분화'라고 하는데 단위가 되는 세포의 개성이라고 표현할 수 있다. 자석과는 달리 머리 부위와 꼬리 부위의 쌍으로 이루어지는 '작은 플라나리아'가 무수하게 세로로 배열되는 것은 아니다.

토머스 모건[T. H. Morgan, 1866~1945]은 1903년경 자석에서 유추해 플라나리아의 몸에도 '극성'이 있을 것이라고 예상했다. 몸속의 머리꼬리 축을 따라 어떤 물질의 농도 기울기가 있으며, 그 값에 따라 세포분화가 결정된다고 생각한 것이다. 그 후 모건은 초파리 유전학에서 이를 실제로 증명했다.

세포의 분화에 이상을 나타내는 다양한 돌연변이체가 발견되었고, 다시 분자생물학이 진보함에 따라 분화를 결정하는 물질(모르포겐)이 실제로 검증되었다. 물리적 사고가 생물에게 직접적으로 도움을 준 것이다.

디랙의 귀환

전자에는 두 가지 다른 내부상태(내부 자유도)가 있다고 설명했는데, 그런 상태를 스핀이라고 한다. 고전역학의 비유에서는 스핀이란 전자의 자전에 의한 각운동량을 뜻하는데, 위쪽 방향과 아래쪽 방향 두 가지 상태($\uparrow$과 $\downarrow$)가 있다. 플랑크상수 h를 2π로 나눈 값을 단위로 하기 때문에 전자의 스핀은 $\frac{1}{2}$이나 $-\frac{1}{2}$의 값을 갖는다.

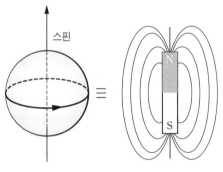

그림 10-6 **스핀과 '작은 자석'**

그림 10-6과 같이 전자의 자전에 의해 전류가 원 모양으로 발생한다고 생각해 보자. 양전하를 띠고 있는 입자의 경우 전류 방향을 따라 오른쪽으로 나사를 감아 돌리는 방향이 스핀 방향으로 정해진다.

'스핀'이라는 용어를 처음 사용한 사람은 보어였는데, 전자의 자기적 성질의 기초를 부여한 것이었다. 도모나가 신이치로[朝永振一郎, 1906~1979]가 쓴《스핀은 돈다》는 당시 이론물리학자들의 사고를 생생하게 묘사한 명저였다(1973년 과학월간지 〈네이쳐〉에 연재됨). 그로부터 30년이 흐른 뒤, 당시 담당편집자가 자세한 주해를 달아놓은 신판이 출간되었다.

파울리는 2차원 행렬(파울리 매트릭스)을 도입해서 스핀을 이론화하려고 했다. 하지만 유도된 방정식은 상대론적인 요청(로렌츠 불변성)을 충족시키지 못했다.

하지만 디랙은 상대론을 충족시키는 디랙 방정식에 4차원 행렬(디랙 매트릭스)을 도입해 스핀이나 전자의 자기적 성질을 '자연스럽게' 유도하는 데 성공했다. 그러고는 "그래서 나는 가장 간단한 경우에 스핀이 들어오는 것을 발견했을 때 놀랄 수밖에 없었다"라고 서술했다. 도모나가 신이치로는 다음과 같이 기록했다.

> 파울리는 디랙의 이런 사고 형태를 여러 차례 아크로바틱하다고 표현했다는데, 디랙의 이 일은 이런 특징을 가장 확실하게 보여준 에피소드라고 말할 수 있다.

이렇게 해서 20세기 초반의 물리학은 고전론과의 대응으로 지지를 받았던 양자론을 탈피해 '스핀' 등의 추상적인 개념에 의거한 양자역학으로 이행되었다. 특히 오늘날 자기쌍극자의 실체는 전자나 원자핵의 스핀으로 이해되고 있다. 원자핵의 스핀은 **MRI**(자기공명영상)의 기초가 되기도 한다.

그림 10-6과 같이 스핀에 의해 원전류가 발생하고, 이 전류가 자기장을 발생시키기 때문에 '작은 자석'으로서 움직이는 것이라고 생각

할 수 있다. 이러한 스핀을 작은 자석으로 본다면 1개의 입자를 N
과 S의 쌍으로 나누는 것이 원리적으로 불가능하다는 것을 납득할
수 있다.

그렇지만 디랙은 전자기현상의 대칭성에 대한 신념으로 N과 S가
분리된 단독의 모노폴(자기단극자)이 존재할 것이라고 생각했다. 자하
의 최소단위인 '소자하素磁荷'의 값은 플랑크상수 h(제2강)와 소전
하 e(제9강)의 비, 즉 $\frac{h}{e}$의 정수배일 것이라고 예언된 바 있다.

예를 들어 소자하 N과 S가 있다고 해도 바로 양측이 결합해 자기
쌍극자를 만들기 때문에 한쪽 극성만을 가진 입자가 단독으로 존재
하지 않는 한 자기단극자를 발견하기는 어려울 것이다. 디랙의 이
예언은 아직 실증되지 않고 있다.

불연속적인 변환

로렌츠 변환은 연속적인 변환으로 시간축과 공간축을 서서히 기울이는 연속성이 있다. 그런데 양성자와 반양성자와 같은 관계에서는 그 중간적인 입자가 자연계에 존재하지 않는다. 양쪽의 동료에 해당하는 전하가 0인 중성자는 질량 등이 다르기 때문이다. 어떤 입자에 대해서 전하반전을 실시하면 질량이나 수명 등의 물리적 성질은 모두 동일하게 유지된다. 이 전하^{charge}의 반전조작을 머리글자 'C'로 표기한다.

그밖에 전하반전과 같은 불연속적인 변환으로는 시공간에 관한 것이 있다. 공간반전은 3차원 좌표에 모두 -1을 곱하는 변환으로 원점에 대해서 점대칭이 된다. 3차원 좌표 중 하나에만 -1을 곱하는 변환은 나머지 두 좌표축이 만드는 평면에 대한 거울반전으로 면대칭이 된다.

거울반전과 관련해 몸을 평면거울에 비췄을 때 왜 좌우가 반대로 보이는가? 라는 고전적인 문제가 있다. 실제로 거울을 정면으로 마주보는 '앞뒤'가 반전될 뿐 좌우나 상하는 반전되지 않는다. 거울에 비친 모습이 뒤집혔다고 느끼는 경우도 실제로는 좌우가 반대로 보이는 것뿐이다.

입자의 상태를 나타내는 함수가 거울반전에서 부호를 바꾸지 않을 때 패리티^{parity}가 $+1$이라고 정의한다. 반대로 거울반전에 대해 부호를 바꿀 때 패리티는 -1이다. 예를 들어 양성자나 중성자의 패리티는 +1이고, π 중간자의 패리티는 −1이다. 이 공간(1축)의 반전조작을 머리글자 'P'로 표기한다.

또 다른 불연속적인 변환으로는 과거와 미래를 나타내는 시간축을 반전시키는 시간반전이 있다. 이 시간^{time}의 반전조작을 머리글자 'T'로 표기한다. 지금까지 소개한 반전조작에서는 같은 조작을 연속으로 2회 반복하면 원래대로 돌아간다.

물리법칙은 C, P, T라는 각각의 반전조작에 대해서 기본적으로 불변이라고 생각해왔다. 또한 세 가지 변환을 동시에 실행하면 물리법칙은 항상 불변이 되는 것이 증명되었다. 이것이 파울리와 뤼더스^{Gerhart Lüders, 1920~1995}가 1954년부터 이듬해에 걸쳐 독립적으로 증명한 **CPT** 정리이다. 단 CPT 정리에서는 입자를 점으로 가정하고 있어 더욱 검증이 필요하다. 예를 들어 만약 입자와 반입자 물질이 동등하지 않다면 CPT 정리는 깨지게 될 것이다. CPT 정리는 소립자의 대칭성에 관한 가장 기본적인 시금석이다.

패리티 비보존

우라늄에서 나오는 방사선의 정체를 알지 못했던 시절, 이들은 잠정적으로 알파선, 베타선, 감마선으로 분류되었다. 나중에야 알파선은 헬륨원자핵, 베타선은 전자, 감마선은 전자기파라는 것이 밝혀졌다.

베타선(전자)을 방출하는 '베타 붕괴'에서는 원자핵 안에서 중성자가 양성자로 변화할 때 전자가 방출된다. 그 과정에서는 전자기력(제9강)보다 훨씬 더 약한 힘이 작용한다고 보는데 이것을 약한상호작용이라고 한다.

전자기력과 강한상호작용(제9강)에서는 전하 보존법칙(제9강)과 패리티 보존법칙이 실험으로 잘 확인된다. 예를 들어 다음과 같은 강한상호작용이 작용할 때의 변화를 살펴보자.

$$\pi^+ + n \rightarrow \pi^0 + p$$

즉 양전하를 가지는 π 중간자가 중성자(n)와 충돌하면 전하가 0인 π 중간자와 양전하를 가지는 양성자(p)로 바뀐다. 먼저 충돌 전과 충돌 후 전하의 총합은 ($+e$)$+0=0+$($+e$)으로 전하 보존법칙이 성립한다.

한편 패리티에서는 복수의 입자를 다룰 때 곱셈으로 합성한다. 충돌 전과 충돌 후의 패리티는 $(-1) \times (+1) = (-1) \times (+1)$로 패리티 보존법칙이 성립된다.

그런데 약한상호작용에서 패리티가 보존된다는 증거가 전혀 없다는 사실을 1956년 양전닝楊振寧, 1922~과 리정다오李政道, 1926~가 최초로 지적했다.

사실 그 직전까지도 그들은 패리티가 보존된다고 주장했지만, 생각을 바꾼 것이었다. 그리고 불과 반년 후 패리티가 보존되지 않는다는 것이 실제로 증명되었다. 이 발견을 '패리티 비보존'이라고 하며 자연계의 대칭성이 깨질 수도 있다는 의미에서 매우 큰 충격을 안겨주었다. 이 연구로 양전닝과 리정다오는 1957년 노벨물리학상을 수상했다.

대학 1학년 때 가쿠슈인대학学習院大学에서 양전닝의 강연을 들은 적이 있다. 강연의 제목은 〈장과 대칭성—20세기물리학의 기초개념〉이었는데, 외르스테드의 전자기현상 발견부터 패러데이, 맥스웰 그리고 아인슈타인의 장 이론까지 소개하고 양전닝과 로버트 밀스Robert Mills, 1927~1999가 1954년에 발견한 '비가환 게이지이론'과 그 발전에 이르기까지를 다루었다.

양전닝의 명석한 대화방식, 지적인 에너지, 과학에 대한 동경을 고취시키던 정신력은 지금도 선명하게 기억난다. 압권이었던 것은 아인슈타인의 발상을 해설한 부분이었는데, 당시(1983년)의 강연록에서 그 부분을 인용해본다.

실험에서 검증되는 맥스웰 방정식에서 출발해서 이 방정식의 대칭성에 대해서 묻는 대신, 아인슈타인은 발상을 전환해 대칭성에서 출발하면 방정식이 어떻게 될 것인지를 물었던 것입니다. 원래의 역할을 반전시키는 이 새로운 방법을 저는 '대칭성은 상호작용을 지도한다'라고 표현합니다. 이 새로운 방법으로 대칭성을 고려하는 것은 기본적인 상호작용의 원리가 되었습니다. 그것은 분명 70년대와 80년대의 기초물리학의 주요 연구 테마입니다.

그는 대칭성에 대해서 다시 이렇게 말했다.

어째서 자연은 힘을 구성하는 지침으로 대칭성을 선택한 것일까요? 그 근본적인 이유는 도대체 무엇일까요? [중략]
저와 수많은 동료들이 믿는 것은 기본적인 새로운 사고방식(발상)이, 대칭성이라는 개념이 더욱 심화된 곳으로 이어지리라는 것입니다. 그것은 지금까지 연구해오지 않았던 방향이겠지요.

바일의 게이지장이론(제9강)은 가환 대칭성에 근거했었는데, 바일 이론을 비가환 대칭성으로 확장시킨 것이 양전닝과 밀스의 이론이었다.

그 비가환 게이지이론은 1970년대에 '초대칭성^{supersymmetry}'을 가지는 형태로 더욱 발전했다. 스핀이 정수인 입자^{boson}와 스핀이 반정수

$\left(\dfrac{1}{2},\ \dfrac{3}{2},\ \dfrac{5}{2}\cdots\right)$인 입자(페르미온)를 바꿔 넣을 때의 대칭성을 초대칭성이라고 한다. 양전닝은 초대칭이론이 하나의 중요한 방향이라고 생각했을 것이다.

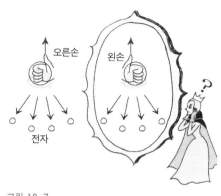

패리티 비보존으로 돌아가 우젠슝^{吳健雄, 1912~1997}이 실증한 모습을 살펴보자(그림 10-7).

그림 10-7
패리티 비보존(코발트 60 원자핵의 운동방향을 엄지로 나타내고, 스핀의 회전방향을 엄지 이외의 손가락으로 나타낸다).

코발트 60(원자량 59인 코발트의 방사성동위원소)의 원자핵에서는 그 스핀 방향(그림속의 S라는 화살표)과는 반대방향으로만 전자가 방출되는 것이 관측되었다. 이 모습을 거울에 비추면 스핀의 회전방향이 반대가 되기 때문에 스핀 방향도 반대가 된다. 그렇게 되면 거울에 비친 코발트 60은 그 스핀 방향과 같은 방향으로 전자를 방출하게 되는데, 그런 일은 일어나지 않는다. 즉 베타 붕괴에서 전자가 방출되는 방향이 한쪽으로 치우쳐 있다는 사실에서 패리티가 보존되지 않는다고 결론 내릴 수 있다.

그 후 전하 C와 패리티 P의 변환을 동시에 실행한 경우에도 대칭성을 충족시키지 못하는 **CP** 위반이 실험에서 발견되었다. 자연의 신에게는 뛰어난 수완이 있는 것 같다.

쿼크 발견

1960년대까지 중간자처럼 원자보다 더 작은 입자가 100종류 이상 발견되었다. 1964년 겔만$^{\text{Gell-Mann, 1929~}}$은 대칭성을 단서로 입자를 분류하고, 그런 입자를 구성하는 더욱 기본적인 '소립자'로 '쿼크'를 제안했다. 1969년 겔만은 노벨물리학상을 수상했다.

1972년 마스카와 도시히데$^{\text{益川敏英, 1940~}}$와 고바야시 마코토$^{\text{小林誠,}}$ $^{\text{1944~}}$는 당시 알려져 있던 4종류의 쿼크만으로는 CP비대칭성이 설명되지 않고 최소 6종류의 쿼크가 필요하다는 것을 알게 되었다. 이렇게 해서 쿼크 모형을 비롯한 표준모형이 확립되었다. 두 사람은 2008년에 노벨물리학상을 수상했다.

표준모형에 의하면 전자는 소립자지만 양성자나 중성자는 쿼크 3개로 이루어지는 복합입자라고 한다. 6종류인 쿼크의 전하는 모두 $\dfrac{e}{3}$의 정수배$\left(+\dfrac{2e}{3} \text{ 또는 } -\dfrac{e}{3} \right)$이다. 즉 소립자에는 쿼크와 전자뿐만 아니라 다음에 설명할 중성미자, 게이지 입자, 힉스 입자가 포함된다.

단 단독쿼크를 밖으로 꺼내 관측하는 것은 원리적으로 불가능한 것으로 보고 있다. 그것은 '쿼크의 갇힘' 현상으로 인해 쿼크끼리 떼어놓으려 하면 쿼크와 반쿼크가 쌍생성해서 새로운 짝을 이루기 때문이다. 6종류의 쿼크의 존재는 높은 에너지의 입자를 충돌시켜 발생하는 복합입자 중에서 각각의 쿼크를 포함하는 복합입자가 새로 발견됨에 따라 1955년까지 모두 실증되었다.

중성미자 천문학의 탄생

베타 붕괴로 방출되는 전자가 다양한 운동에너지 값을 갖는 것은 실험을 통해 알 수 있다. 수수께끼가 풀리기 전까지만 해도 이것은 매우 기이한 현상이었다.

중성자는 양성자보다 0.1% 정도 무거운데, 양성자와 전자로 바뀔 때 질량차가 '질량에너지 등가원리' $E = mc^2$ (제6강)에 따라 운동에너지로서 양성자와 전자에 배분된다. 붕괴 전에 원자핵이 정지해 있었다면, 운동량 보존법칙에 따라 양성자와 전자의 속력은 각각의 질량에 반비례한다. 따라서 전자의 운동에너지가 일정값이 되지 않는다면 이상하다.

파울리는 이 모순을 해결하기 위해서 전하를 갖지 않은 가상의 입자가 동시에 방출된다고 생각했다. 반면 보어는 미지의 입자를 도입할 정도라면 베타 붕괴에서 에너지 보존법칙이 깨져도 좋다고 생각했다. 양쪽 다 극히 대담한 발상으로 두 사람의 개성이 잘 드러난다.

승리의 깃발을 든 이는 파울리였다. 파울리가 생각한 이 가상의 입자가 나중에 발견된 중성미자였다. 이 입자는 항상 중성적인neutral 전하를 가진다고 해서 중성자neutron와 구별해서 중성미자neutrino라고 명명되었다.

1987년 2월 23일에 대마젤란운의 초신성폭발로 발생한 빛이 지상에서 관측되었을 때 16만 광년 저편에서 동시에 방출된 중성미자가 운 좋게도 카미오칸데에 포착되었다. 카미오칸데는 일본 후쿠오카

광산에 만들어진 거대한 관측 장치로 3,000톤의 순수純水와 1,000톤의 광전자증배관(고감도 광검출기)으로 구성되어 있다.

100년에 1~2회 정도밖에 관측되지 않은 초신성폭발은 밤하늘에 밝은 별이 홀연히 나타나는 현상인데 무거운 별의 마지막 모습일 뿐 그것 자체는 '새로운 별'이 아니다. 카미오칸데 장치는 전년 말까지 노이즈 문제로 애를 먹고 있었다. 게다가 당시 관측 팀을 이끌었던 고시바 마사토시小柴昌俊, 1926~는 다음 달에 정년퇴직을 앞두고 있었다. 그 절묘한 타이밍에 일어난 초신성폭발은 실로 청천벽력이었다.

카미오칸데에서의 중성미자 관측은 새로운 '중성미자 천문학'의 막을 열어주었고, 행운의 주인공인 고시바 마사토시는 2002년에 노벨물리학상을 수상했다.

중성미자 진동 발견

중성미자에는 전자중성미자·μ중성미자(그리스문자 뮤)·τ중성미자(그리스문자 타우) 세 종류가 있다는 것이 실험으로 증명되었다. 1962년 마키 지로牧二郎, 1929~2005, 나카가와 마사미中川昌美, 1932~2001, 사카타 쇼이치坂田昌一, 1911~1970들은 만약 중성미자에 질량이 있다면 한 종류의 중성미자가 다른 종류의 중성미자로 바뀌는 현상이 일어날 것이라고 예언했다. 이 현상이 중성미자진동이다. 하지만 소립자 표준모형에서는 중성미자의 질량을 0이라고 가정했었기 때문에 오랫동안 그것이 '상식'이라고 여겨왔다.

그런데 지구 대기층에서 발생하는 중성미자를 조사하던 가지타 다키아키梶田隆章, 1959~들은 지구의 반대편 하늘에서 생성되어 지구를 관통해서 지하로 도달하는 μ중성미자의 비율이 카미오칸데의 상공에서 오는 μ중성미자에 비해서 너무 적다는 것을 깨달았다.

1986년 가을의 이 발견은 중성미자진동 검증실험의 원동력이 되었다. 지구를 관통하는 동안 중성미자진동이 일어나기 때문에 평균을 내면 절반 정도가 μ중성미자에서 τ중성미자로 바뀌는 것이 아닐까 생각한 것이다. 이 현상을 '대기중성미자결손'이라고 한다.

단 당시의 회의적인 견해를 뒤집기 위해서는 관측결과의 높은 정밀도가 필요했다. 많은 사람들이 애쓴 덕분에 1996년에는 카미오칸데의 약 20배 규모인 '슈퍼카미오칸데'가 가동을 시작했고, 1998년에 중성미자진동이 실증되었다. 중성미자의 질량은 0이 아니었다.

슈퍼카미오칸데의 숱한 난관을 극복하고 관측 팀을 인솔한 토츠카 요지戶塚洋二, 1942~2008는 안타깝게도 2008년에 타계했다. 가지타는 2015년 노벨물리학상을 수상했고, 계속해서 중력파 연구를 목표로 하고 있다. 이 노벨상이 십여 년만 빨랐어도 마키 지로, 토츠카 요지, 가지타 다키아키가 공동으로 수상했을 것이다.

네 가지 힘

기본적인 '장의 힘'인 강한상호작용·전자기력·약한상호작용·중력을 총칭해서 네 가지 힘이라고 한다. 중력을 제외한 세 가지 힘은 게이지이론에서 통일적으로 설명할 수 있기 때문에 '대통일이론'이라고 한다. 아인슈타인과 바일의 숙원이었던 중력과 전자기력의 통일장이론이 미완성이기 때문에(제9강), 네 가지 힘을 모두 통일하는 것은 아직 실현되지 않았다.

게이지장을 매개하는 입자가 '게이지 입자'인데 그 질량은 0이다. 강한상호작용은 글루온(쿼크를 결합시키는 입자로 단독으로는 존재하지 못한다)이 매개하고, 전자기력은 광자, 약한상호작용은 위크보손, 중력은 그래비톤(중력자)이 맡고 있다.

초대칭이론 중 하나인 '초끈이론(초현이론)'은 1차원의 '끈'이나 2차원 이상의 '막(면)'의 다양한 상태에 따라 소립자를 통일적으로 기술한다. '끈'을 사용함으로써 에너지가 한곳에 집중하지 못하고 끝나기 때문에, 양자중력이론에서 커다란 벽이 되었던 무한대의 문제를 잘 피할 수 있다.

그리고 초끈이론을 우주론에 이용함으로써 우주가 팽창과 수축을 반복한다는 '주기적 우주론'이 다시 새로운 관점에서 논의되고 있다. 우리의 우주는 과연 어떤 미래를 향하고 있을까?

대칭성의 자발적 깨짐

자연현상에서는 본래 있었던 대칭성이 깨지는 일도 있을 수 있다. 중화요리전문점의 큰 원탁테이블을 생각해 보자. 원탁에는 각자의 냅킨이나 젓가락 등이 질서정연하게 대칭적으로(점대칭) 놓여 있다. 자리에 앉으면 좌우의 냅킨 중 어느 것이 자기 것인지 헷갈릴 것이다. 그런데 누군가 자발적으로 냅킨에 손을 대면 다른 사람의 냅킨까지 자동적으로 결정된다. 그 결과 좌우의 비대칭성이 발생하게 된다.

이번에는 그림 10-8과 같은 막대를 생각해 보자. 처음에는 막대의 형태뿐만 아니라 그 분자 배열 수준까지 대칭적이었다고 가정하자. 그런데 위에서 힘을 조금 가하면 막대는 세로로 압축된다. 여기까지는 대칭적이다.

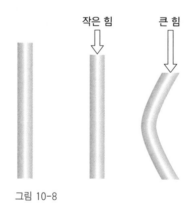

그림 10-8

다시 더 큰 힘으로 막대를 누르면 막대는 어떤 한 방향으로 휘어질 것이다. 360° 방향 중에서 특정 방향으로만 막대가 휘어진다는 것은 자연스럽게(자발적으로) 방향의 비대칭성이 발생한 셈이다. 이 것이 '대칭성의 자발적 깨짐(대칭성의 역학적 깨짐)'이다.

펜 끝으로 펜을 세운 경우도 마찬가지이다. 수직으로 세워진 직후 펜은 대칭적이고 어느 방향으로도 편향되지 않지만 극히 불안정한 상태에 있다. 그 후 펜이 쓰러지면 안정적인 상태가 되지만, 특정 방 향으로 쓰러졌기 때문에 비대칭성이 발생한다.

인간의 뇌는 이런 대칭성과 그 깨짐 양쪽을 인식할 수 있다. 균형 이 깨졌을 때 느껴지는 밸런스 감각은 미적 감각과도 관련이 있을 것이다. 또 대칭성이 깨졌을 때 사라져가는 것에 대한 일종의 '허무 함'을 느끼기도 한다. 대칭성이란 뇌에서 작용하는 '조화로운 영감' 일지도 모른다.

질량의 기원

난부 요이치로^{南部陽一郎, 1921~2015}는 1960년에 초전도이론에서 유추하여 최초로 소립자 이론에 '대칭성의 자발적 깨짐^{spontaneous symmetry breaking, SSB}'을 도입했다. 초전도란 금속 등의 온도를 내릴 때 어떤 임계온도보다 낮은 온도에서는 전기저항이 0이 되는 현상을 말한다. 초전도 상태가 나타나는 것은 전자를 나타내는 파동함수의 대칭성이 자발적으로 깨지는 것이 원인으로 보고 있다.

그는 소립자이론과는 언뜻 상관이 없어 보이는 초전도이론에서 심오한 공통점을 찾아냈다. 세렌디피티(뜻밖의 발견)였다. 그는 다음과 같이 말했다.

> 물론 그때까지 할 수 있는 모든 것을 다 했지만 막막한 상태였다. 그런데 어느 날 갑자기 힌트가 찾아왔다. 이유를 정확히 설명할 수는 없지만, 그 즈음 나는 24시간 내내 잘 때도 끊임없이 머릿속으로 생각하고 있었다… [중략]
> 자잘한 계산을 하다 보면 대국을 보지 못한다. 그것밖에 보이지 않기 때문이다. 그럴 때는 누워서 생각해 본다. 그러면 대국이 보이기 시작하기 때문에 생각이 쉬워진다. 그러면 문득 수식이 떠오른다.

'머릿속으로 끊임없이 생각한다' 파스퇴르^{Louis Pasteur, 1822~1895}는 이

것을 '행운의 신은 항상 준비된 자에게만 찾아온다'라고 말했다.

그는 '키랄리티^{chirality}'라는 물리량을 도입했다. 질량이 0이고 2개의 스핀 상태를 가지는 입자에 대해서, 입자의 운동방향으로 왼쪽감기(운동방향으로 왼손 엄지를 세우면 엄지 이외의 손가락이 향하는 방향이 스핀의 회전방향이 된다)의 스핀 상태를 키랄리티가 +1이라고 정의한다. 반대로 오른쪽 감기(운동방향으로 오른손 엄지를 세우면 엄지 이외의 손가락이 향하는 방향이 스핀의 회전방향이 된다)의 스핀 상태는 키랄리티가 −1이다. 반입자에 대해서는 입자의 키랄리티를 −1배한다. 예를 들어 왼쪽 감기 반입자의 키랄리티는 −1이다.

키랄리티는 원래 그리스어의 '손'에서 유래했는데, 오른손잡이와 왼손잡이를 구별한다는 뜻이다. 화학에서 사용하는 거울상 이성질체를 '키랄리티'라고 하는데, 물리에서는 키랄리티가 그와는 다른 의미를 가지고 있다.

또 스핀 방향은 회전방향에 대해서 오른쪽 감기로 일정하기 때문에 왼쪽 감기의 입자와 반입자는 운동방향이 스핀 방향과 반대가 된다. 또 오른쪽감기의 입자와 반입자는 운동방향이 스핀 방향과 같다.

본강의 서두에서 설명했다시피 진공이란 에너지가 가장 낮은 상태이다. 진공상태에서는 질량이 0인 입자와 반입자가 동일한 수로 존재하므로 키랄리티의 대칭성이 유지된다(모든 키랄리티의 합이 0). 여기에서 만약 쌍소멸이 일어난다면 대칭성은 자발적으로 깨지게 될 것이다. 우주의 시작에는 실제로 그러한 변화가 있었던 것으로 생각된다.

이것을 그림 10-9에서 설명하려 한다. 진공상태에서 키랄리티가 +1인 입자·반입자와, −1인 입자·반입자가 동일한 수만큼 있다고 한다. 이것이 키랄 대칭성이다. 쌍생성으로 발생한 입자와 반입자의 쌍은 그림의 왼쪽 2개와 오른쪽 2개가 각각처럼 운동방향이 반대로 되어 있다.

여기서 주변의 입자와 반입자에서 쌍소멸이 발생했다고 가정한다. 예를 들어 모두 키랄리티가 −1인 왼쪽감기 반입자와 오른쪽 감기 입자가 쌍소멸을 일으켰다고 가정하자. 그러면 소멸 후에는 왼쪽

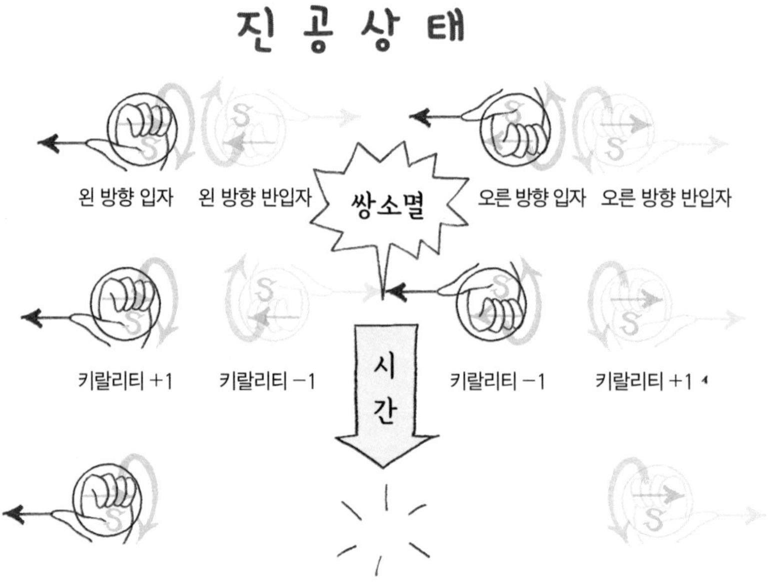

진 공 상 태

| 왼 방향 입자 | 왼 방향 반입자 | 쌍소멸 | 오른 방향 입자 | 오른 방향 반입자 |

| 키랄리티 +1 | 키랄리티 −1 | 시간 | 키랄리티 −1 | 키랄리티 +1 |

그림 10-9 **키랄 대칭성의 자발적 깨짐.**

감기 입자와 오른쪽 감기 반입자(어느 쪽이든 키랄리티는 +1)가 남아서 총 키랄리티는 +2가 된다. 즉 키랄리티의 합이 0이 아니게 되어 키랄리티의 보존법칙이 깨지게 된다. 이것이 키랄 대칭성의 자발적 깨짐이다.

난부는 키랄 대칭성의 자발적 깨짐이 발생하는 것은 질량이 0인 입자가 질량을 갖게 되는 것과 동등하다라고 생각했다. 상대론의 요청에서 빛의 속도로 운동하는 입자의 질량은 0이었던 것을 상기하자. 반면 빛의 속도보다 느린 입자는 그 에너지와 운동량으로 일정한 질량을 갖게 된다(제9강 식 ⑭).

입자가 질량을 갖게 되어 빛의 속도 이하로 운동하면 관측자의 속도에 의해 키랄리티가 변한다. 왜냐하면 키랄리티가 +1인 왼쪽감기 입자보다 빠른 속도를 가지는 관성계에서 보면 입자의 진행 방향이 상대적으로 반대가 되어 오른쪽 감기의 스핀 상태, 곧 키랄리티가 −1이 되기 때문이다. 이것은 키랄리티의 합이 보존되지 않는 것과 등치이다.

이상의 추론에서 키랄 대칭성의 자발적 깨짐은 입자가 질량을 갖는다는 것과 같은 뜻이 된다. 또한 키랄리티는 관측자와의 상대속도로 결정되는 것이었지 관측자의 위치와는 상관없다. 즉 추월하든 추월하지 않든 키랄리티는 동일하다.

앞에서 설명했듯이 게이지장을 매개하는 '게이지 입자'는 질량이 0이다. 대칭성의 자발적 깨짐의 발상을 이용해서 게이지장에 질량을 갖게 하는 방법을 1964년 힉스[Peter Higgs, 1929~], 브라우트[Robert Brout,

$^{1928\sim2011}$와 앙글레르$^{\text{François Englert, 1932}\sim}$가 독립적으로 제안했다.

물리입자에 질량을 갖게 하기 위한 보조적인 장이 '힉스장'이다. 힉스장의 진공 중에 입자가 있으면 입자가 힉스장에서 저항을 받기 때문에 입자의 속도가 빛의 속도보다 느려진다고 보는 것이다. 단 어떤 질량이 나타날지 예언할 수 없는 점이 미해결 과제로 남아 있다.

힉스장을 매개하는 힉스 입자는 표준모형이 예언한 입자(쿼크 등) 중에서는 가장 마지막까지 증명되지 않았다가 2012년에야 발견되어 2013년 힉스와 앙글레르에게 노벨물리학상을 안겨주었다.

난부는 시카고 대학에서 진행된 2008년 노벨물리학상 수상 강연을 다음과 같이 매듭지었다.

> 오늘날 SSB(대칭성의 자발적 깨짐)의 원리는, 물리의 기본
> 법칙에는 수많은 대칭성이 있는데 현실세계는 어째서 이
> 토록 복잡한 것인지를 이해시키기 위한 열쇠가 되었습니
> 다. 기본법칙은 단순하지만 세상은 지루하지 않다. 이 어
> 찌 이상적인 조합이 아닐 수 있겠습니까?

원자론이란

역학적 결정론에서
확률론으로

제11강에서는 열역학과 분자운동론의 중요한 요소를 소개하고자한다. 열에너지와 엔트로피를 둘러싼 극적 발전을 살펴보고 기본적인 발상을 총람함으로써 눈에 보이지 않는 대상을 포착하는 사고방식의 전형을 이해할 수 있을 것이다.

　그곳에서는 열이나 온도라는 거시적(마크로)인 분석 방법과 분자의 운동을 고려한 미시적(미크로)인 시점이 모두 필요하다. 전자는 열역학에 해당하고 후자는 원자론이나 분자운동론에 대응한다.

　역학적으로 결정되어야 할 분자운동이 어떻게 확률적인 분석 방법을 통해 거시적인 물리량들과 연결되는 것일까?

열역학이란

열에너지라고도 하는 열은 기체, 액체, 고체를 가리지 않고 물체에서 물체로 이동한다. 열의 양을 나타낸 것을 열량이라고 하는데, 에너지가 이동하는 일 없이 열량을 직접 측정할 수는 없다.

이에 반해 온도는 열에 관련된 '물체의 상태'를 나타내는 물리량이다. 일상에서는 '열이 있다'라든지 '컵이 뜨겁다'라고 하듯이 체온(평열)을 기준으로 열의 이동에 동반되는 피부감각(온각과 냉각)으로 온도를 파악할 수 있다. 하지만 열(열량 Q)과 온도(T)는 확실하게 구별되는 독립된 물리량이다.

열에 관한 물리학의 한 분야를 열역학이라고 한다. 열역학이란 '열이 관여하는 현상 중에서 각 물체나 물질의 열적 특성에 상관없이 성립하는 일반적인 법칙을 추려내 논하는 이론체계'이다.

물체에는 사람과 마찬가지로 잘 뜨거워지고 잘 차가워지는 것이나 그렇지 않은 것 등 다양한 종류가 있다. 하지만 열역학은 그런 개개 물체의 성질 차이를 다루지 않는다. 오히려 개별적인 특성을 버림으로써 열이라는 보편적인 현상을 파악할 수 있기 때문에 다음과 같은 암묵적인 양해가 있다.

> 열역학에서는 열의 본질에 관해서는 아무것도 고찰하지 않는다. 열의 본질 문제는 기체운동론에서 먼저 다뤄지고 나서야 대답할 수 있는 주제이다.

역학이 '힘'이나 '질량'의 본질(예를 들어 왜 원격작용이 가능한가?)을 파헤치지 않은 채 발전했던 것처럼(제7강), 열역학에서는 '열'이나 '온도'의 본질(실체)에 접하지 않는다. 수학에서는 다루는 대상을 정의하지 않고 논하는 것을 무의미하다고 여기기 때문에 이런 물리의 사고방식은 독특하다고 할 수 있다.

열평형과 준정적과정

여기서 열역학의 주요 용어에 관해서 미리 설명해두려 한다. 먼저 열평형이란 시간이 충분히 경과해서 대상으로 하는 계 전체의 거시적인 물리량(온도, 압력, 체적 등)이 변화하지 않게 된 상태를 가리킨다. 예를 들어 난방이나 냉방을 해서 방의 온도가 안정됐을 때 열평형에 도달했다고 생각하면 된다.

열평형에 도달하기까지 변화를 일으키는 방법에는 크게 세 종류의 과정이 있다.

첫 번째는 불가역과정으로, 아무런 변화를 남기지 않고 원래의 상태로 복원되지 못하는 과정을 가리킨다. 예를 들어 열의 전도는 불가역과정이다.

두 번째는 가역과정으로, 아무런 흔적도 남기지 않고 원래 상태로 복원될 수 있는 과정이다. 원래의 상태로 돌아갈 수 있다면 처음 과정을 반대 방향으로 진행하지 않아도 된다. 난방이나 냉방을 끊고 방치하면 원래의 실온으로 돌아올 수 있기 때문에 가역인데, 난방이나 냉방을 했을 때보다 시간이 걸리는 것으로 알 수 있듯이 같은 과정을 역행하지는 않는다.

세 번째는 준정적과정으로, 시간을 충분히 들여 열평형에 가까운 상태를 유지하면서 '천천히' 일어나는 가역과정이다. 도중에 같은 과정을 역행 가능한 상태에서 온도 등이 거의 변화하지 않도록 균형을 유지하면서 상태를 서서히 변화시키는 것이다.

카르노의 정리

열역학의 기초를 구축한 것은 프랑스의 카르노$^{Sadi\ Carnot,\ 1796\sim1832}$였다(그림 11-1). 젊은 나이에 콜레라로 사망한 카르노는 1824년에 저술한 유일한 저작인《불의 동력 및 이 동력을 발생시키는 데 적합한 기관에 대한 고찰》을 유작으로 남겼다.

그림 11-1 **카르노.**

열에너지를 부분적으로 일로 바꾸는 장치를 열기관이라고 한다. '카르노 사이클'이라고 하는 열기관은 등온과정(열량변화가 있고, 온도변화는 0)과 단열과정(온도변화가 있고, 열량의 출입은 0)이라는 두 가지 준정적과정을 번갈아 반복하는, 가장 효율적으로 일하는 이상적인 장치이다. 여기서 '사이클'이란 거시적인 상태(온도, 압력, 체적 등의 값)가 처음으로 돌아가 같은 변화를 반복하는 것을 의미한다.

이 이상적인 카르노 사이클의 존재를 가정하면서 카르노는 '일반적인 명제'로 다음과 같이 서술했다.

> 열에서 이끌어내는 동력(일)의 양은 그것을 끌어내기 위해서 사용되는 작업물질에 따라 달라지지 않는다(물이나 기름 등 무엇이든 같다). 그 양은 열소가 이동하는 두 물체의 온

도만으로 정해진다[고온과 저온 모두 필요]. 여기서 동력을 발생시키는 방법[카르노 사이클]은 가장 이상적인 방법이다.

이 명제(카르노의 정리)는 실험에 근거한 기본적으로 옳은 추론이었지만 '열소'를 가정한 점만은 오류였다. 그래서 이 추론 전체가 오류인 듯한 오해를 초래하고 말았다.

'열소'를 둘러싼 논쟁

'열소^{熱素}'를 둘러싼 논쟁 전에는 플로지스톤^{燃素}이라는 설이 있었다. 이 설에 의하면 물체가 연소하면 플로지스톤이라는 '물질'이 방출된다고 한다. 플로지스톤은 그리스어 '불에 타다'라는 의미에서 유래되었다.

플로지스톤설에 의문을 품은 라부아지에$^{Antoine-Laurent \ de \ Lavoisier,}$ $^{1743~1794}$는 연소^{燃燒}란 공기 중의 산소가 결합되는 현상이라고 정확히 지적했다. 라부아지에는 1787년 열이 '열소^{caloric}'라는 무게가 없는 원소의 작용이라고 기술했다. 낙하하는 물과 마찬가지로 열소는 감소하는 일 없이 이동하고 항상 보존된다고 생각한 것이다.

이것을 받아들인 카르노는 강물의 흐름에서 유추해 물의 양은 열소의 양에, 수위의 차는 온도차에 대응한다고 생각했다. 카르노는 다음과 같이 기술했다.

> 물이 낙하할 때 하는 일의 양은 그 높이와 액체의 양에 의존하는 것과 마찬가지로 열의 동력도 사용되는 열소의 양과, 이하에서 이른바 열소의 낙차라고 부르기로 한 양, 즉 열소를 서로 교환하는 물체 사이의 온도차에 의존한다.

열기관을 물레방아처럼 비유한 것은 옳았던 것일까? 물의 낙차에 의해 위치에너지의 차이가 발생하기 때문에 물 자체는 줄어들지 않고 위치에너지의 차이가 일로 변하게 된다. 하지만 열 자체가 에너지라면 열에서 일로 변화된 양만큼 줄어들 것이다.

'일에 사용된 열량은 감소할 것'이라는 줄$^{James\ Joule,\ 1818\sim1889}$의 비판은 옳은 지적이었지만, 카르노의 정리와 열소를 둘러싼 문제를 해결하지는 못했다.

열역학 제1법칙과 제2법칙

이 난관을 멋지게 해결한 사람은 독일의
클라우지우스Rudolf Clausius, 1822~1888였다(그림 11-
2). 그는 열역학의 마지막 등장인물이었다.

그림 11-2 **클라우지우스**.

클라우지우스는 '열소'의 존재 자체를 부
정하는 한편 서로 보완하는 두 가지 원리를
바탕으로 카르노의 정리와 열 이론의 근간
을 유지했다. 이 두 원리를 열역학 제1법칙
과 열역학 제2법칙이라고 한다(뒤에 설명).

물리학에 이토록 중요한 공헌을 했음에도 불구하고 클라우지우
스는 이과생에게 마저도 생소하다. 물리 교과서나 참고서에 열역학
제1법칙이 실려 있음에도 제2법칙은 생략되기도 하는데 그것은 공
정하지 않다.

열역학의 제1법칙과 제2법칙은 양측의 깊은 연관성을 깨닫기 위
해서라도 함께 알아둘 필요가 있다. 그리고 열역학 제1법칙을 에너
지보존법칙과 동일시하는 경우가 많은데, 일반 에너지보존법칙을
제1법칙으로 하고 싶다면, 열역학 제1법칙이 아니라 '역학' 제1법
칙이라고 해야 할 것이다.

클라우지우스의 이론적 연구는 1850년의 〈열의 동력 및 거기에
서 열 이론 자체를 위해 유도할 수 있는 법칙에 관해서〉라는 논문으
로 발표되었다. 논문의 제1장에는 다음과 같이 서술되어 있다.

열역학 제1법칙

열에 의해 일이 발생되는 모든 경우, 발생한 일에 비례하는 열량이 소비된다. 또 반대로 이와 동일한 양의 일의 소비에 의해 동일한 열량이 발생할 수 있다.

열량의 관용적 단위는 '칼로리'로, 1칼로리[cal]는 15℃(섭씨)의 물 1그램을 1℃ 올리는 데 필요한 열량이다. 열량을 일로 환산하는 값을 열의 일당량이라고 하며, 1칼로리[cal]는 4.18줄[J]과 같다. 이 환산은 열역학 제1법칙에 의해 보증된다.

같은 해 발표된 클라우지우스의 논문 제2장에는 다음과 같은 내용이 실려 있다.

열역학 제2법칙

열은 어디에서나, 발생된 온도차를 균일화하고, 따라서
보다 고온의 물체에서, 보다 저온의 물체로 이행하려는
경향을 보인다.

열역학 제2법칙을 더욱 발전시킨 1854년의 논문에는 다음 한 문
장이 추가되었다.

주위에 아무런 변화를 남기지 않고 열은 저온물체에서
고온물체로 결코 이동하지 않는다.

즉 열전도만으로 열평형으로 향하는 것은 불가역과정이며, 자연
의 섭리로서 시간이 흐르는 방향으로 대응한다.

열과 일은 등가가 아니다

예를 들어 마찰열처럼 일이 전부 열로 바뀔 수 있는 것은 열역학 제1법칙으로 설명할 수 있다. 반대로 열의 일부를 일로 바꿀 때도 그 변화한 만큼에 관해서는 열의 일당량으로 환산된다. 여기까지는 문제가 없다.

그런데 달리 변화를 남기지 않고, 즉 열을 버리는 일 없이 열을 전부 일로 바꾸는 것은 열역학 제2법칙에 의해 가능하지 않다. 일에서 열로 변화하는 것은 불가역과정이다. 이것은 제1법칙에 포함되지 않았던 중요한 사실이다. 열량과 일의 환산 때문에 오해하기 쉬운 부분인데, 열과 일은 등가가 아니다.

앞서 서술한 '열을 전부 일로 바꾸는 것은 가능하지 않다'라는 것은 다음과 같은 방법으로 증명할 수 있다.

만약 저온물체에서 열을 꺼내어, 그것을 전부 일로 바꿀 수 있다고 가정하자. 이 일은 모두 열로 바꿀 수 있다. 그렇다면 저온물체에서 열을 꺼내 다른 변화가 발생하는 일 없이 고온물체에 전부 열로 이동시킬 수 있다. 그런데 이것은 제2법칙과 모순되기 때문에 열을 전부 일로 바꾸는 것은 불가능하다.

에너지를 공급하지 않아도 계속 일을 할 수 있는 '꿈의 장치'를 영구기관이라고 한다. 예를 들어 전력을 공급하지 않아도 계속 돌아가는 모터처럼, 이것은 영구히 운동을 계속하는 공상의 산물이다. 에너지보존법칙(제6강)에 반하여 일을 발생시키는 장치를 제1종 영구기관이라고 하고, 열역학 제2법칙에 반하여 일을 발생시키는 장치를 제2종 영구기관이라고 한다.

영구기관은 연금술과 마찬가지로 '비과학적인 실패 사례'이다. 학교에서 이과를 배운 이상 이것은 당연히 '일반상식'이 되어야겠지만, 그만큼 강한 인상을 남기지 못한 것 같다.

일과 열의 관계를 일상적인 예로 비유해 보자. 돈은 전부 물건으로 바꿀 수 있다. 하지만 감가상각분을 제하지 않고 물건을 전부 돈으로 바꿀 수는 없다. 물건의 가격이 희소가치 때문에 올라가는 일은 극히 드물고, 쓰던 중고품을 팔아서 이득을 얻는 일은 거의 없다. 즉 돈과 물품은 등가가 아니며, 물건을 사는 행위는 기본적으로 불가역과정이다.

또 영구기관을 만드는 다양한 시도가 실패했기 때문에 열역학 법칙이 탄생한 것도 아니거니와 그런 수많은 실패로 인해 법칙이 증명된 것도 아니다. 클라우지우스는 놀라운 통찰력으로 카르노의 정리가 열역학의 근간에 자리매김할 수 있는 놀라운 해결책을 찾아냈다.

엔트로피란

'엔트로피'란 물체의 '변화값'을 나타내는 그리스어로 1865년 클라우지우스가 처음 도입한 물리량이다. 먼저 온도는 최저온도를 0으로 하는 '절대온도'로 측정하기로 한다. 절대온도의 단위는 켈빈[K]이다. 단 물체의 온도(T)가 0이 되는 일은 없다고 가정한다. 즉 T는 '절대영도'가 되지 않고, 항상 플러스 값을 취하는 것으로 하자.

어떤 준정적과정을 각각 일정한 온도가 되는 개별 과정으로 나누어 생각해 보자. 엔트로피의 변화는 각 과정에서 발생하는 '열량변화'를 온도로 나누고, 모든 과정에서 총합을 취한 양이다. 각 과정은 $i=1, 2\cdots$로 번호를 붙여서 구별한다. 예를 들어 i번째 과정의 열량 변화를 ΔQ_i, 온도를 T_i로 표기한다.

여기서 과정에 유입되는 열량 변화를 플러스로 정의한다. 과정에서 열을 얻을 때는 $\Delta Q_i > 0$이고, 과정에서 열을 잃을 때는 $\Delta Q_i < 0$이다. 엔트로피의 변화 ΔS는 다음 식과 같이 정의된다.

$$\Delta S \equiv \frac{\Delta Q_1}{T_1} + \frac{\Delta Q_2}{T_2} + \cdots = \sum_i \frac{\Delta Q_i}{T_i} \qquad \cdots ①$$

여기서 $\sum$(그리스문자 시그마)는 아래에 붙은 첨자 모두에 대해서 '총합을 취한다'라는 기호이다. 또 외부와 에너지(열과 일)의 교환이 없는 계를 고립계라고 하고, 그 계 내에서는 열이 이동하거나 일이 발생해도 된다. 반대로 열린계란 외부와 에너지의 교환이 있는 계를 말한다.

엔트로피 증가법칙과 열적 사망

고립계에서는, 가역과정에서 완전히 원래 상태로 돌아오면 엔트로피에 변화가 없고 불가역과정에서는 엔트로피가 반드시 증가한다. 이것이 클라우지우스가 주장한 '엔트로피 증가법칙'이다.

이 법칙을 확인하기 위해서 외부와 에너지의 교환이 없을 뿐만 아니라 내부의 에너지(온도 등)도 변화하지 않는 고립계에서, 불가역과정을 생각해 보자. 불가역과정에 의해서 고립계의 상태가 1에서 2로 변화했다고 가정한다.

계속해서, 준정적과정에서 이 계의 상태를 2에서 1로 돌리는 것을 생각해 보자. 상태 1에서 2로의 변화가 불가역과정인 이상 아무런 변화를 남기지 않고서 원래 상태 1로 복원될 수는 없다. 그래서 준정적과정에서는 열린계로 하고, 온도 T에서 외부와의 열량 교환(열량변화는 ΔQ)이 있는 것으로 가정한다. 내부 에너지가 변화하지 않기 때문에 열량변화는 모두 일이 된다.

준정적과정의 각 상태에서의 엔트로피가 일정할 때 상태 1과 2의 엔트로피를 각각 S_1과 S_2라고 한다. 식 ①에 의해 상태 2에서 1로 가는 준정적과정에 동반하는 엔트로피의 변화 ΔS는 다음 식과 같다.

$$\Delta S = S_1 - S_2 = \frac{\Delta Q}{T} \leq 0 \qquad \cdots ②$$

만약 $\Delta Q > 0$이라면, 처음의 상태 1로 돌아간 시점에서 외부에서 얻은 열을 다른 변화를 남기지 않고 모두 일로 바꾼 것이 되므로 열역학 제2법칙에 위배된다. 따라서 $\Delta Q \leq 0$이어야만 하고 식 ②와 같은 부등식이 성립하는데, 이것을 클라우지우스 부등식이라고 한다.

또 $\Delta Q = 0$이 성립하는 것은 아무런 흔적도 남기지 않고 원래 상태로 돌아갈 수 있는 가역과정에서 뿐이므로 상태 2에서 1로의 변화에서는 일어날 수 없다. 그래서 $\Delta Q < 0$이 된다. 이상으로 인해 식 ②를 변형하면 $S_2 > S_1$가 되고, 독립계의 불가역과정(상태 1에서 2로의 변화)에서는 반드시 엔트로피가 커지는 것을 나타냈다.

클라우지우스는 1865년에 발표한 논문 말미에 다음과 같은 의미심장한 예언을 기록했다.

1) 우주의 에너지는 일정하다.
2) 우주의 엔트로피는 최대를 향한다.

우주의 밖에는 아무것도 없기 때문에 우주 전체를 '고립계'라고 생각할 수 있다. 따라서 에너지보존법칙이 성립하므로 제1예상은 옳다. 또 엔트로피 증가법칙에 따라 제2예상이 성립한다. 우주 곳곳의 온도차는 불가역적으로 균일화를 향하지만, 우주 안에서 발생하는 일(지구인의 활동이나 초신성폭발 등)은 불가역적으로 열로 바뀌기 때문에 우주는 점점 뜨거워진다. 이것은 우주의 '열적 사망'을 의미하는데 참으로 비관적인 미래론이 아닐 수 없다.

하지만 우주는 지금도 계속 팽창하고 있기 때문에 발생한 열량을 확대된 공간에 버릴 수가 있다. 식 ①과 같이 엔트로피 변화는 열량 변화를 온도로 나눈 것이므로 열량을 버린다는 것은 엔트로피를 버리는 것을 의미한다. 따라서 우주는 열적 사망에 이르지 않을 것으로 예상된다. 옛날에 하늘이 떨어지지 않을까 걱정했던 사람이 있다는 고사가 있는데, 우주가 열적 사망을 하지 않을까 걱정하는 것은 '기우'였다.

반면 지구온난화는 온실 기체의 작용으로 인해 지구에서 생성된 엔트로피를 대기권 밖으로 배출하기 어려워 발생한다. 지구를 열적 사망에서 구하기 위해서라도 엔트로피에 관해서 올바르게 이해해야 할 것이다.

카르노의 정리 증명

클라우지우스가 도입한 엔트로피를 이용해 카르노의 정리가 옳다는 것을 증명해 보자. 또 열량의 출입에 의해 온도가 변화하지 않는 열원을 가정한다.

열량 Q_{high}을 고온(T_{high})의 열원에서 꺼내어 그 일부를 일 W로 바꾸고, 남은 열량 Q_{low}을 저온(T_{low})의 열원으로 버리는 카르노 사이클을 알아보자.

열역학 제1법칙에 의해 $W = Q_{high} - Q_{low}$이고, 각 과정의 열량변화는 $\Delta Q_{high} = Q_{high} > 0$, $\Delta Q_{low} = -Q_{low} < 0$이다.

카르노 사이클은 준정적과정, 즉 가역과정이므로 1사이클 분량에 엔트로피 변화 ΔS가 발생했다고 가정한다면, 그 사이클을 역행시켰을 때의 엔트로피 변화 $-\Delta S$와 동일해져야 한다. 즉 $\Delta S = -\Delta S$이므로 ΔS는 0이어야만 한다. 따라서 식 ①에 의해 다음 식을 얻을 수 있다.

$$\Delta S = \frac{\Delta Q_{high}}{T_{high}} + \frac{\Delta Q_{low}}{T_{low}} = \frac{Q_{high}}{T_{high}} + \frac{-Q_{low}}{T_{low}} = 0$$

$$\therefore \frac{Q_{low}}{Q_{high}} = \frac{T_{low}}{T_{high}} \qquad \cdots ③$$

사실 클라우지우스는 이 추론을 거꾸로 살펴보다가 엔트로피라는 발상에 도달했던 것이다.

여기서 카르노 사이클의 '열효율' η (그리스 문자 이타)를, 고온의 열원에서 받은 열량 Q_{high}에 대한 일 W의 비율로 가정하고 다음 식과 같이 정의한다.

$$\eta \equiv \frac{W}{Q_{high}} = \frac{Q_{high} - Q_{low}}{Q_{high}} = 1 - \frac{Q_{low}}{Q_{high}} = 1 - \frac{T_{low}}{T_{high}} \quad \cdots \ ④$$

$$0 < \frac{T_{low}}{T_{high}} < 1 \text{ 에 의해,}$$

$$0 < \eta < 1$$

온도는 $T_{high} > T_{low}$이고, 등식의 뒷부분에는 식 ③을 사용했다. 식 ④에서 열효율 η는 두 열원의 온도만으로 결정되는 것을 알 수 있다. 이것으로 카르노의 정리가 증명되었다. 또한 두 열원의 온도가 가까우면 열효율이 0에 가까워져서 일을 거의 얻지 못하는 것을 알 수 있다.

그리고 예를 들어 이상적인 카르노 사이클을 사용했다고 해도, 저온(T_{low})이 절대영도가 되지 않는 한 식 ④의 열효율 η가 1이 되는 일은 없다. 열효율 η는 꺼낸 열량에 대한 일의 비율이기 때문에 열원에서 꺼낸 열량을 그대로 100% 일로 바꾸는 것 역시 불가능하다. 일을 얻기 위해서는 반드시 열량을 저온의 열원에 버려야만 한다.

이번에는 카르노 사이클과 대비해서 불가역과정이 포함되는 사이클을 알아보자. 불가역과정이 있다면 저온의 열원에 버릴 수 있는 열 Q'_{low}은 식 ④의 Q_{low}보다 커진다.

식 ④의 앞부분과 마찬가지로 η'를 구하고 $Q'_{\text{low}} > Q_{\text{low}}$에서 $\eta' < \eta$를 나타내 보자.

$$\eta' \equiv \frac{W}{Q_{\text{high}}} = \frac{Q_{\text{high}} - Q'_{\text{low}}}{Q_{\text{high}}}$$

$$= 1 - \frac{Q'_{\text{low}}}{Q_{\text{high}}} < 1 - \frac{Q_{\text{low}}}{Q_{\text{high}}} = \eta \qquad \cdots ⑤$$

이 일반 사이클의 열효율 η'은 이상적인 카르노 사이클의 열효율 η보다 반드시 작아진다.

볼츠만 등장

분자운동론에서는 온도를 분자의 운동에너지와 연관 짓는다. 그래서 분자운동을 특히 '열운동'이라고 한다.

분자운동론의 증명에 몰두한 사람으로는 클라우지우스, 맥스웰 등이 있고 가장 공헌한 사람은 볼츠만$^{Ludwig\ Boltzmann,\ 1844\sim1906}$이었다 (그림 11-3). 빈에서 태어나 베토벤과 똑같은 이름을 가진 볼츠만은 피아노를 잘 연주했는데, 오스트리아의 작곡가 브루크너$^{Josef\ Bruckner,}$ $^{1824\sim1896}$에게서 음악 교습을 받은 적도 있었다고 한다. 분명 볼츠만 은 베토벤이 작곡한 32곡의 피아노 소나타, 특히 마지막 5곡을 좋아했을 것이다.

그림 11-3 **1902년의 볼츠만.**

신기한 브라운 운동

여기에서 시대를 조금 거슬러 올라가 '흔들림 현상'의 최초의 예시가 된 브라운 운동에 대해 자세히 살펴보자. 1827년경 식물학자 로버트 브라운Robert Brown, 1773~1858은 액체에 띄운 꽃가루 미립자가 나타내는 불규칙한 운동을 관찰했다. 그림 11-4는 그 예 중 하나인데, 소금쟁이가 수면을 질주하는 것처럼 보일 것이다.

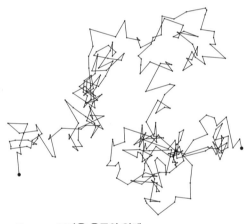

그림 11-4 **브라운 운동의 일례.**
입자 1개의 궤적을 선으로 이은 것으로 왼쪽 아랫부분과 오른쪽 끝에 있는 2개의 검은 점이 시작점과 끝점이다.

이 운동이 생물 특유의 것인지 알아보기 위해서 브라운은 꽃가루를 알코올에 담가 생명활동을 정지시킨 상태에서 실험을 반복했다. 그래도 동일한 운동이 관찰되자 이 운동이 생명에서 유래된 것이 아님을 알 수 있었다. 이 원인불명의 운동은 나중에 브라운 운동이라고 불리게 되었다. 또 이 미립자는 현미경으로 관찰할 수 있을 정도의 크기이므로 분자 자체는 아니다.

아인슈타인은 브라운 운동이 액체 분자의 충돌에 의해 일어난다는 것을 최초로 이론적으로 밝혀냈다. 관찰되는 위치의 변위를 제곱해서 평균을 내면(평균자유행로) 경과시간에 비례한다. 이것은 분자의 존재를 명확히 하는 중요한 발견으로, '기적의 해'인 1905년에 발표되었다.

하지만 원자론에 회의적이었던 에른스트 마흐는 아인슈타인의 발견에도 불구하고 볼츠만을 계속 괴롭혔다. 그 당시 분자는 가상의 존재였는데, 물리학자들 사이에서도 분자의 존재를 둘러싸고 논란이 끊이지 않는 상황이었다.

나중에 아인슈타인의 이론은 페랭[Jean Perrin, 1870~1942]의 실험으로 증명되었다. 페랭은 지름 0.5마이크론(1마이크론은 1밀리의 천분의 1) 정도의 균일한 구형 입자를 만들어 주도면밀하게 실험을 거듭하면서 분자의 실재성을 확고히 했다. 페랭은 다음과 같이 결론 내렸다.

> 그런 까닭에 분자의 객관적 실재성을 부정하는 것은 곤란해졌다. 동시에 분자운동은 우리가 목격할 수 있는 대상이 되었다. 브라운 운동은 분자운동의 충실한 영상임이 분명하다.

1926년 페랭은 노벨물리학상을 수상했다. 물리학이나 화학 교과서에서 '원자론'은 화학반응을 원자를 이용하여 설명한 돌턴^{John Dalton, 1766~1844}에 대해서만 다루고 있고 원자론이나 분자운동론을 확립하는 데 가장 공헌한 볼츠만, 아인슈타인, 페랭에 대해서는 거의 다루지 않는 것은 유감이다.

페랭의 자연관은 다음과 같은 유명한 말로 표현된다.

> 이렇게 해서 우리는 직감을 이용하여 아직 우리의 인식 너머에 있는 실체의 존재 또는 성질을 예측하고, '눈에 보이지 않는 단순한 존재로 눈에 보이는 복잡한 현상을 설명하는' 데 성공했다. 우리는 이 일에 크게 공헌한 돌턴이나 볼츠만과 같은 연구자들에 힘입어 원자론을 발전시키기에 이르렀다.

'눈에 보이지 않는 단순한 존재'의 대표적인 예로는 원자나 쿼크, 유전자, 보편문법(인간언어의 구성 원리) 등이 있다. 과학이란 그러한 것들로 세상을 설명하려는 '사고방식'이다.

결정론과 확률론

열역학에 관한 볼츠만의 첫 논문은 스물두 살이었던 1866년에 발표되었다. 타이틀은 〈열이론 제2법칙의 역학적 의의에 관해서〉이다. 볼츠만의 목표는 역학적인 분자운동론에 기초해서 엔트로피의 실체와 변화법칙을 밝히는 것이었다.

원래 역학에서는 초기조건(처음 위치와 속도)과 운동방정식에 의해 운동상태가 '결정'된다. 이것을 역학적 결정론이라고 한다. 하지만 분자 하나하나의 운동이나 그 상호작용을 계산하는 것은 불가능하다. 다수인 분자의 운동을 다루려면 위치나 속도의 평균값을 구해야 하기 때문에 확률론이나 통계적 계산이 필요하다. 그래서 결정론에 기초하는 역학법칙과 모순되지 않고 확률론을 사용할 수 있는지 여부가 큰 문제였다.

1872년에 발표한 논문의 서두에 볼츠만은 다음과 같이 서술했다.

> 평균값을 결정하는 것은 확률론의 과제이다. 따라서 열역학의 문제는 확률론의 문제이다. 하지만 확률론의 명제가 그에 적용된다고 해서 열역학에 불확실성이 수반된다고 생각하는 것은 잘못이다. 불완전하게밖에 증명될 수 없는 정리의 정당성은 그렇기 때문에 의문이 되겠지만, 그러한 정리와 완전하게 증명된 확률론의 정리를 혼

동해서는 안 된다.

　확률론에서는 샘플의 수가 충분히 많다면 통계적인 확률이 수학적인 확률과 일치한다는 '큰수의 법칙'을 전제로 한다. 예를 들어 주사위를 던져 1이 나올 확률은 수학적으로는 6분의 1이다. 경험적 확률에서는 N회 던져서 r회만큼 1이 나올 때 $\frac{r}{N}$이 된다. 큰수의 법칙에서는 시행횟수 N이 충분히 크면 확실히 $\frac{r}{N}$이 $\frac{1}{6}$에 가깝다. 참고로 우리나라 주사위는 모든 면이 같은 색인데 반해 일본의 주사위는 1만 빨갛게 칠해져 있고, 중국의 주사위는 1과 4가 빨갛게 칠해져 있다.

　볼츠만의 계획은 그때까지의 역학적 결정론에 대해서 최초로 확률론을 도입하는 것이었다. 그것은 과학에 있어서 혁명적인 사고방식이었다.

기체분자운동론의 전제

그림 11-5는 극히 적은 수의 기체 분자를 확대해서 봤을 때를 상상한 것이다. 여러 방향으로 다양한 속도로 운동하는 모습을 상상할 수 있을 것이다.

그림 11-5

기체분자를 대상으로 하는 분자운동론에는 몇 가지 전제가 있다. 잠시 정리해 보자. 먼저 기체분자의 수 N은 매우 큰 것으로 한다. 또 기체의 각 분자는 분자 사이에는 힘이 작용하지 않고 분자 간의 충돌에 의해 서로의 운동에너지(운동량) 일부를 교환한다. 단 분자 간 흡착이나 화학반응은 일으키지 않고 저온의 응축효과도 일으키지 않는 것으로 가정한다. 또 3개 이상 동시충돌 역시 단순화를 위해 생각하지 않고, 분자의 종류나 성질의 차이도 문제 삼지 않는다. 관측할 수 있는 것은 각각의 운동상태가 아니라 계 전체의 '평균값'뿐이다.

이러한 분자운동론의 세계에서는 분자운동이라는 요소의 움직임으로는 환원할 수 없을 것 같은 새로운 성질이 전체 계에 나타난다. 일반적으로 어떤 계가 부분적인 요소로 계층적으로 구성될 때 요소로 환원된 것만으로는 계의 기술이 충분하지 못한 경우가 있다. 이렇게 중요한 사고방식을 필립 앤더슨^{Philip W. Anderson, 1923~} 은 'More is different'라고 단적으로 표현했다.

분자가 실제로 운동하는 공간은 3차원인데, 분자의 운동상태를 나타내는 가상적인 '공간'을 생각해 보자. 이 가상공간의 '차원(좌표축의 수)'은 독립된 변수의 수, 즉 자유도와 동일하게 한다.

1분자의 운동은 그 '위치와 운동량'(위치와 속도여도 된다)으로 정해지기 때문에 운동의 자유도는 위치(3차원)의 자유도 3과 운동량(3차원)의 자유도 3을 더해 6이 된다. 이렇게 위치와 운동량을 더한 6차원의 가상공간을 위상공간이라고 한다.

기체 분자가 N개 있는 계에서 각 분자의 운동은 충돌을 제외하면 독립되어 있기 때문에 계의 위상공간은 6N차원이 된다. 여기서 위상공간이라고 할 때의 '위상'은 '운동의 양상'을 나타내는 것일 뿐 파동의 위상이나 수학의 위상기하학과는 전혀 관련이 없다. 또 각 분자는 운동궤도 등으로 구분이 되어 구별할 수 있는 것으로 한다.

위상공간 속에서 1분자의 궤도를 탐색할 때, 만약 궤도가 교차했다면 그 교차점에서는 2개의 궤도가 분기하기 때문에 운동상태를 대략적으로 '결정'할 수 없게 된다. 이것은 위에서 설명한 역학적 결정론에 모순되기 때문에 1분자의 궤도는 결코 교차하지 않는 것으로 가정한다.

거시 상태와 미시 상태

기체의 계로서의 거시 상태는 분자 수 N과 모든 분자의 운동에너지의 총합 E로 나타낼 수 있다. 이 계의 위상공간을 미소한 구획으로 분할하고, i번째 구획에 있는 분자는 모두 같은 운동에너지 ε_i(그리스 문자 엡실론)을 가지는 것으로 가정한다. 단 같은 에너지 구획에 들어간 분자는 개수만을 문제로 삼고 들어간 순서 등은 구별하지 않는다.

i번째 에너지 구획의 분자 수를 n_i라고 하면 다음 식을 얻는다.

$$\sum_i n_i \equiv n_1 + n_2 + n_3 + \cdots = N \qquad \cdots ⑥$$

$$\sum_i n_i \varepsilon_i \equiv n_1 \varepsilon_1 + n_2 \varepsilon_2 + n_3 \varepsilon_3 + \cdots = E \qquad \cdots ⑦$$

기체의 미시 상태는 각 분자를 이 구획들에 배분하는 방법(독일어로 Komplexion이라고 한다)에 대응한다.

여기에서 분자의 운동에너지가 ε의 정수배라고 가정하고, $\varepsilon_1 = 0$, $\varepsilon_2 = \varepsilon$, $\varepsilon_3 = 2\varepsilon$로 한다. 실제로 볼츠만은 1877년 〈열역학의 제2법칙과, 열평형에 관한 정리에 대한 확률론적 계산 사이의 관계에 대해서〉라는 논문에서 운동에너지 ε가 불연속적인 경우를 살펴본 후에 무한소의 운동에너지에 대해 일반화했다.

예를 들어 거시 상태가 $N = 10$, $E = 10\varepsilon$인 경우에는 $\varepsilon_2 = \varepsilon$의 구

획에 모든 분자를 배분하면 $n_2 = 10$(그 외의 구획은 $n_i = 0$)라는 미시 상태가 가능하다. 단 하나의 거시 상태는 복수의 미시 상태에 대응하는 것에 주의하자. 동일한 거시 상태의 예로 $\varepsilon_1 = 0$의 구획과 $\varepsilon_3 = 2\varepsilon$ 구획에 모든 분자를 반씩 배분해서 $n_1 = 5$, $n_3 = 5$(그 외의 구획은 $n_i = 0$)이라는 미시 상태도 가능하다.

에너지 양자 $\varepsilon = h\nu$ (제2강, 제10강)는 불연속적이므로 볼츠만의 이런 사고방식은 양자론을 일찌감치 예감하게 만든다. 플랑크는 1901년에 발표한 논문에 전기적인 공명자(특정한 파장의 빛과 공명하는 가상적인 입자)가 불연속적인 에너지를 가지는 것으로 가정하고, 그 '배분 방법'을 계산함으로써 빛의 파장에 대한 에너지 분포를 최초로 도출했었다.

운동에너지의 배분 방법

이제 운동에너지의 배분 방법을 살펴보자. N개의 분자를 처음 구획에 n_1개 넣는 배분의 '경우의 수'는 $_NC_{n_1}$이라는 조합기호로 나타낼 수 있다. 이 기호는 일반적으로 N개의 요소에서 n_1개를 꺼내는 '조합'의 수를 나타낸다. N개의 요소에서 n_1개를 꺼내어 일렬로 나열하는 '순열'의 수는 전부 $N(N-1)(N-2)\cdots(N-n_1+1)$종류가 있고, 꺼낸 n_1개의 순서는 구별하지 않으므로 이 '순열'의 수를 꺼낸 n_1개의 나열 방법의 수 $n_1(n_1-1)(n_1-2)\cdots1$로 나누면 된다. 즉 다음 식과 같다.

$$_NC_{n_1} \equiv \frac{N(N-1)(N-2)\cdots(N-n_1+1)}{n_1(n_1-1)(n_1-2)\cdots1}$$

$$= \frac{N!}{n_1!(N-n_1)!} \qquad \cdots \text{⑧}$$

'!' 기호는 계승(팩토리얼)인데, 1부터 그 수까지의 자연수를 모두 서로 곱한다는 뜻이다.

그리고 $N = n_1$과 같이 식에 0!이 나올 때는 다음과 같이 생각하면 된다. $n! = n \times (n-1)!$이므로 $n = 1$일 때도 $1! = 1 \times 0! = 1$에 의해서, $0! = 1$로 하면 된다. '0'이라는 것이 있다고 할 때, 그 나열 방법이 한 가지밖에 없다고 생각한다면 $0! = 1$을 이해할 수 있을 것이다.

경우의 수는 예를 들어 다음과 같이 계산하면 된다.

$$_6C_3 \equiv \frac{6!}{3!3!} = \frac{6 \cdot 5 \cdot 4}{3 \cdot 2 \cdot 1} = 20$$

N개의 분자를 배분하는 것으로 돌아가자. 다음 구획에 n_2개 넣는 배분 방법은 처음 구획에 배분한 n_1개를 제외하고, 그 나머지에 대해서 배분하는 것이므로 $_{N-n_1}C_{n_2}$이 된다. 처음의 배분 방법 각각에 대해 다음 구획의 배분 방법이 모두 가능하므로 $_NC_{n_1}$에 $_{N-n_1}C_{n_2}$을 곱하면 된다.

이하 마찬가지로 조합 기호의 양쪽에 나타내는 수가 동일하게 n_f가 됐다면 배분이 끝난다. N개의 분자를 전부 각 구획에 배분하는 '경우의 수' W는 다음 식으로 나타낼 수 있다. 이제부터 W는 일이 아니라 경우의 수를 나타내기로 한다. W를 '경우의 수'의 총수로 나누면 확률(독일어로 Wahrscheinlichkeit, W는 머리글자)이 된다.

$$W = (_NC_{n_1}) \cdot (_{N-n_1}C_{n_2}) \cdot (_{N-n_1-n_2}C_{n_3}) \cdots (_{n_f}C_{n_f})$$

$$= \frac{N!}{n_1!(N-n_1)!} \cdot \frac{(N-n_1)!}{n_2!(N-n_1-n_2)!} \cdot \frac{(N-n_1-n_2)}{n_3!(N-n_1-n_2-n_3)!} \cdots \frac{n_f!}{n_f!}$$

$$= \frac{N!}{n_1!n_2!\cdots n_f!} \qquad\qquad \cdots \text{⑨}$$

N이 클 때는 스탈링 공식 $N! \approx N^N$라는 근사식이 성립한다. 이 공식은 $N!$과 N^N이 N을 가로축으로 하는 그래프에서 접근하는 모습에서 확인할 수 있다. 이 식의 로그를 취한다면 $\log(N!) \approx$

$\log(N^N) = N\log N$가 성립한다.

식 ⑨의 양변에 로그(e를 밑으로 한 자연로그)를 취하고 스탈링 공식을 사용하면 다음 식이 된다.

$$\log W = \log\left(\frac{N!}{n_1! n_2! \cdots n_f!}\right)$$
$$= \log(N!) - \log(n_1!) - \log(n_2!) \cdots - \log(n_f!)$$
$$\approx N\log N - n_1\log n_1 - n_2\log n_2 \cdots - n_f\log n_f$$
$$= N\log N - \sum_i n_i\log n_i = N\log N - H \qquad \cdots ⑩$$

여기에서 $H(t) \equiv \sum_i n_i\log n_i$로 했다. 이 함수는 시간과 함께 변화한다고 보기 때문에 볼츠만의 **H** 함수라고 한다. 볼츠만 본인은 1872년부터 20년 동안이나 E(아마도 엔트로피의 머리글자인 듯)로 기록했었지만 나중에는 H로 쓰게 되었다. H로 바꾼 이유는 밝혀지지 않았다.

배분의 예

볼츠만의 논문에서는 거시 상태가 $N=7$, $E=7\varepsilon$인 경우가 검토되었는데, 여기서는 그보다 수가 적은 $N=3$, $E=3\varepsilon$의 경우에 관해서 살펴보자. 물론 수가 적기 때문에 통계적이라고 하기는 어렵지만 배분의 사고방식을 이해하기 쉬울 것이다.

각 분자가 가지는 운동에너지로 네 구획 $\varepsilon_1=0$, $\varepsilon_2=\varepsilon$, $\varepsilon_3=2\varepsilon$, $\varepsilon_4=3\varepsilon$을 생각한다(표 11-1). 식 ⑥과 식 ⑦에 의해 네 구획에 관해서 다음 식이 성립한다.

$$N=n_1+n_2+n_3+n_4=3,$$
$$E=n_1\varepsilon_1+n_2\varepsilon_2+n_3\varepsilon_3+n_4\varepsilon_4=3\varepsilon$$

표 11-1 **거시 상태와 미시 상태의 예.**

i	1	2	3	4	W	P
ε_i	0	ε	2ε	3ε		
	2	0	0	1	3	0.3
n_i	1	1	1	0	6	0.6
	0	3	0	0	1	0.1
기댓값	1.2	0.9	0.6	0.3	10	1.0

이 두 식이 충족되도록 n_1, n_2, n_3, n_4을 어떻게 배분하면 좋을지가 문제이다. 첫 번째 구획($\varepsilon_1=0$)에 3개의 분자를 전부 넣으면 운동에너지의 총합은 0이 되므로, 이것은 일어날 수 없다.

이어서, 첫 번째 구획에 2개의 분자를 넣으면 ($n_1=2$, $\varepsilon_1=0$), 나머지 1개를 네 번째 구획($n_4=1$, $\varepsilon_4=3\varepsilon$)에 넣으면(그 밖의 구획은 $n_i=0$), 위의 식을 충족시킨다(표 11-1). 이때 배분하는 경우의 수 W를 식 ⑨에서 구하면 다음과 같다.

$$W = (_3C_2) \cdot (_1C_1) = \frac{3!}{2!1!} = 3$$

또 첫 번째 구획에 1개의 분자를 넣으면 ($n_1=1$, $\varepsilon_1=0$), 나머지는 두 번째 구획($n_2=1$, $\varepsilon_2=\varepsilon$)과 세 번째 구획($n_3=1$, $\varepsilon_3=2\varepsilon$)에 1개씩 넣을 수밖에 없다. 이때 W는 6이 된다(☆). 마지막으로 첫 번째 구획에 분자를 넣지 않았던 경우는 ($n_1=0$, $\varepsilon_1=0$), 3개 모두 두 번째 구획($n_2=3$, $\varepsilon_2=\varepsilon$)에 넣으면 되고, W는 1이 된다(☆).

이상의 결과를 다른 방법으로 확인해 보자. 에너지 양자 $\varepsilon=h\nu$가 3개 있고, 중복을 허용하면서 3개의 분자에 배분하는 방법을 생각해 보자. 이것은 흔히 '중복조합'이라고 하는 문제인데, 3개의 양자 'ㅇ' 사이에 두 개의 칸막이 'ㅣ'를 넣어 3분할하는 것에 해당한다. 세 가지 예를 들어보자.

① ㅇ ㅣ ㅇ ㅣ ㅇ   ② ㅇㅇㅇ ㅣ ㅣ   ③ ㅣ ㅇ ㅣ ㅇㅇ

예①은 양자 ε을 균등하게 1개씩, 3개의 분자에 배분한 경우이다. 예②는 첫 번째 분자에만 3ε을 배분한 경우이다. 예③은 두 번째 분자에 ε을, 세 번째 분자에 2ε을 배분한 경우이다.

세 가지 예 중 어느 경우든 ○를 3개, |를 2개 나열했다. 이 다섯 개의 기호 중에서 어느 것이든 2개를 칸막이 '|'로 선택하면 나머지는 자동적으로 ○가 된다. 그리고 '경우의 수'의 총합 W_{Total}은 다음과 같다.

$$W_{\mathrm{Total}} = {}_5C_2 = \frac{5 \times 4}{2 \times 1} = 10$$

표 11-1에서 구한 3개의 W는 3과 6과 1이었으므로 이들의 총합은 분명 W_{Total}과 일치한다. 또 예 ①의 배분은 $W=1$, 예 ②와 같은 3ε의 배분은 $W=3$, 예③과 같은 다른 배분은 $W=6$이 되는 것을 확인해보자(☆).

이제 배분하는 방법을 전부 구했으니 각 배분의 미시 상태가 동일하게 발생할 때 '배분 방법'의 확률 P를 구할 수 있다(표 11-1). 가장 확실한 경우, 즉 확률 P가 가장 커지는 것은 첫 번째, 두 번째, 세 번째 구획에 균등하게 분자를 1개씩 넣었을 때이다

표 11-1에서 각각의 구획에 분자가 몇 개 들어가는 것으로 기대되는가 하는 값(기댓값)을 구해 보자. 첫 번째 구획에 분자가 2개 들어갈 확률 P는 0.3, 1개 들어갈 확률 P는 0.6이므로 기댓값은 2개 ×0.3+1개×0.6=1.2개가 된다. 같은 방법으로 구하면 두 번째, 세 번째, 네 번째 구획의 기댓값은 0.9, 0.6, 0.3이 된다(☆). 각 구획의 운동에너지가 커지면 각각의 기댓값은 단조롭게 감소하는 것을 알 수 있다. 이 네 개의 기댓값을 모두 더하면 분자의 총수 $N=3$과 동일해진다.

분자의 속도분포

n_i의 기댓값으로 운동에너지 ε_i에 대응하는 속도의 분자가 몇 개 있는가 하는 분자 수의 분포를 알 수 있다. 이 분포 $n_i(v_x, v_y, v_z)$을 '분포함수'라고 한다. 기체분자의 계가 열평형에 있으면 분자 수 n_i는 어떤 속도의 방향으로든 균일하게(등방적으로) 분포한다.

여기에서는 운동량 대신 속도로 정의된 위상공간을 생각하기로 한다. 열평형에서는 기체분자가 충분히 퍼져(확산되어) 있기 때문에 위상공간에서의 분포함수 $n_i(x, y, z, v_x, v_y, v_z)$는 위치에 대해서도 균일해진다. 그래서 분포함수에서 좌표를 빼고 $n_i(v_x, v_y, v_z)$과 같이 3차원에서 생각하면 된다.

1860년 맥스웰은 속력 $v(v = \sqrt{v_x^2 + v_y^2 + v_z^2})$에 대한 분자 수의 분포가 열평형에서는 정규분포(가우스분포)가 되는 것을 나타냈다. 정규분포는 일반 통계분포와 마찬가지로 평균값에서 분포가 최대가 된다(그림 11-6). 이 분포함수 $n_i(v)$는 e를 네이피어수(제1강), α를 상수로 하면 다음 식으로 나타낼 수 있다(∝는 비례 기호).

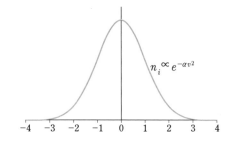

$$n_i \propto e^{-\alpha v^2}$$

그림 11-6 **정규분포**(가우스분포).

$$n_i(v) \propto e^{-\alpha v^2} \qquad \cdots ⑪$$

앞에서 설명한 분포의 예에서 구한 n_i과 마찬가지로 운동에너지가 커지면 대응하는 n_i의 기댓값은 단조감소한다.

기체분자의 속도분포 $w(v)\Delta v$을 구하기 위해서는 $n_i(v)$에 대해서 속력 v에 대한 '위상공간의 미소체적'을 곱해야 한다. 3차원의 위상공간에서 속력이 일정한 면은 속력을 반지름으로 하는 '구면'이므로 다음 식이 성립한다.

[위상공간의 미소체적]
= [속력을 반지름으로 하는 구의 표면적] × [속력의 미소변화]

$$\therefore \Delta v^3 = 4\pi v^2 \Delta v \qquad \cdots ⑫$$

식 ⑪에 대해서 식 ⑫를 보정하면 속도분포 $w(v)\Delta v$는 다음과 같은 식이 된다.

$$w(v)\Delta v = n_i(v)\Delta v^3 \propto e^{-\alpha v^2}\Delta v^3 \propto v^2 e^{-\alpha v^2}\Delta v \cdots ⑬$$

속도분포의 그래프는 그림 11-7과 같이 되는데, 정점 위치의 속도 v_M은 $v_M = \dfrac{1}{\sqrt{\alpha}}$이 된다. 남은 문제는 이 상수 α가 온도와 어떤 식으로 연관되어 있는지를 나타내는 것이다.

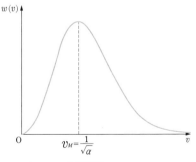

그림 11-7 **속도분포**

볼츠만의 깨달음

볼츠만은 1877년 발표한 논문의 서두에 다음과 같이 서술했다.

> 대부분의 경우 초기상태는 확률이 높은 상태가 아니다.
> 거기서 출발해서 계는 항상 보다 확률이 높은 상태로 변
> 해가 결국에는 가장 확률이 높은 생태 즉 열평형 상태에 도
> 달할 것이다. 이것을 제2법칙에 적용하면 보통 엔트로피라
> 고 하는 양을, 특정한 상태의 확률과 관련시킬 수 있다.

이렇게 해서 열역학의 엔트로피는 분자운동론에서의 '상태의 확률'로 결론 내려졌다. 이것이 볼츠만의 깨달음이었다. 이 '상태의 확률'은 계의 위상공간을 미소한 구획으로 분할하고, 모든 분자를 각 구획에 배분하는 경우의 수 W로 구할 수 있다. 그래서 엔트로피 S를 다음 식으로 정의한다.

$$S \equiv k \log W \qquad\qquad \cdots ⑭$$

비례상수 k는 볼츠만상수라고 한다. W의 최솟값은 1이고, $\log 1 = 0$이므로 그 부근에서 S는 최젯값 0에 가깝다. 이것이 식 ⑭에서 로그를 취하는 이유이다.

식 ⑭에서 W가 증가할 때, 즉 배분하는 경우의 수가 증가해서 다양한 상태를 취할 수 있는 '무질서도'가 증가할 때, S는 증가하게 된

다. 즉 엔트로피란 곧 무질서도의 척도라고 할 수 있다. 반대로 엔트로피가 감소할 때 '규칙성'이 증가하고 질서가 생기게 된다.

클라우지우스는 엔트로피의 변화를 식 ①과 같이 열량변화와 온도로 정의 내렸는데, 그것은 열역학의 범위에서였다. 분자운동론을 기초로, 식 ⑭와 같이 엔트로피를 확률에서 다시 정의내린 것이 볼츠만에 의한 진보였다.

식 ⑭의 형태는 볼츠만의 논문에 나와 있지 않지만, 1900년에 플랑크가 식 ⑭ 형태로 정식화하면서 널리 알려졌다. 빈 중앙묘지에 있는 볼츠만의 기념상에는 식 ⑭가 새겨져 있다.

우주에 은하나 별이라는 '질서'가 생긴다는 것은 우주 전체의 엔트로피가 감소하고 있다는 증거가 된다. 뒤에서 설명하겠지만, 생물도 엔트로피를 감소시킴으로써 몸의 질서를 유지한다. 그런 의미에서는 별도 살아 있는 존재라고 할 수 있다.

볼츠만 분포

그리고 볼츠만은 온도 T의 열평형에서 운동에너지 ε_i에 배분되는 분자 수 n_i을 다음 식으로 나타낼 수 있다고 생각했다. k는 식 ⑭의 비례상수와 동일한 볼츠만상수이다

$$n_i \propto e^{-\frac{\varepsilon_i}{kT}} \qquad\qquad \cdots ⑮$$

식 ⑮에 운동에너지 $\varepsilon_i = \frac{1}{2}mv^2$(제6강)을 대입하면 다음 식과 같이 식 ⑪의 정규분포와 동일한 형태가 된다.

$$n_i \propto e^{-\frac{\varepsilon_i}{kT}} = e^{-\frac{1}{kT}\frac{mv^2}{2}} = e^{-\frac{m}{2kT}v^2}$$

그림 11-8에 나타난 것 같은 식 ⑮의 분포를 볼츠만 분포(정준분포, 커노니컬 분포)라고 하며 볼츠만 분포에 따르는 계(통계적 집단)를 '커노니컬 앙상블'이라고 한다.

식 ⑮에서 배분되는 분자 수 n_i는 운동에너지 ε_i에 대해 지수함수적으로 단조감소한다. 또 고온일수록 에너지 ε_i(식 ⑮의 지수의 분자)가 클 경우에도 온도 T(식 ⑮의 지수의 분모)의 값이 크기 때문에 배분되는 분자 수 n_i는 별로 감소하지 않는다. 즉 고온에서는 전체 중에서 큰 에너지를 가지는 분자가 점령하는 비율이 상대적으로 증가해서 분포가 보다 완만해진다. 이러한 분포의 변화로 분자의 운동에 다양성이 생기면서 '난잡함'이 증가한다.

볼츠만 분포의 특징은 거시 상태를 나타내는 온도 T라는 하나의

변수만으로 미시 상태가 정해진다는 것이다. 반대로 측정으로 계의 볼츠만 분포를 알아내면 그 계의 온도를 알 수 있게 된다. 즉 온도는 열운동의 척도이다

앞에서 볼츠만의 논문에서 인용했던 '가장 확실한 상태, 즉 열평형상태'란 분자를 각 구획에 배분하는 경우의 수 W가 최대가 되는 분포를 의미한다. 앞에서 설명한 배분의 예($N=3$, $E=3\varepsilon$)에서는 첫 번째, 두 번째, 세 번째 구획에 대해서 균등하게 1개씩 분자를 넣은 경우가 가장 확실한 상태였다. 이때 경우의 수 W가 최대이고, '열평형인 상태' 즉 엔트로피가 가장 증대한 상태에 대응한다.

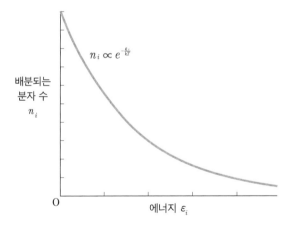

배분되는
분자 수
n_i

$n_i \propto e^{-\frac{\varepsilon_i}{kT}}$

O

에너지 ε_i

그림 11-8 $T > 0$일 때.

'음'의 온도

지금까지는 온도 T가 플러스인 것을 전제로 해왔는데, 특수한 경우에는 과도기적인 현상으로 온도가 마이너스가 되는 경우도 있을 수 있다. 처음 음의 온도가 실험으로 나타난 것은 1951년경이었다. 이 현상에서 배분되는 분자 수 n_i은 운동에너지 ε_i에 대해서 지수함수적으로 단조증가한다(그림 11-9). 이러한 계의 볼츠만 분포가 주어질 때 T는 '음'의 온도로 정의된다.

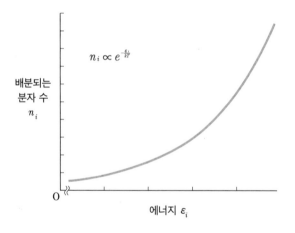

$$n_i \propto e^{-\frac{\varepsilon_i}{kT}}$$

배분되는
분자 수
n_i

0

에너지 ε_i

그림 11-9 $T < 0$일 때.

그 후 음의 온도가 발생하기 위해서는 에너지에 '상한'이 있는 경우로 한정된다는 것이 밝혀졌다. 에너지가 상한에 가까워지면 엔트로피가 감소해서 0에 가까워진다(그림 11-10).

양의 온도에서 절대영도에 가까워지는($T = +0$으로 표시한다) 듯

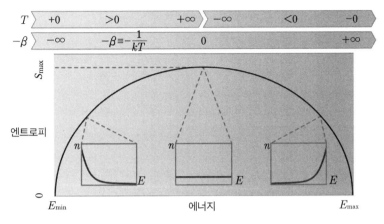

그림 11-10 **엔트로피 에너지.**

한 통상적인 극저온에서는 에너지와 엔트로피가 함께 최저에 가까워진다. 그런데 음의 온도에서는 절대영도보다 에너지가 낮은 것이 아니라 양의 온도일 때보다 훨씬 높은 에너지를 가져야만 한다. 즉 '음'의 온도는 양의 온도보다 더 '뜨겁다'.

이것은 직감에 반하는 것일지도 모르지만 어떤 특수한 조건에 한해 음의 온도를 나타내는 듯한 높은 에너지현상이 실현가능하다. 음의 온도는 음의 압력의 존재를 암시하기 때문에, 중력과 반대로 '반중력' 효과를 가진, 암흑에너지와의 연관성이 논의되고 있다.

볼츠만의 H정리를 둘러싸고

볼츠만의 H함수를 정의한 식 ⑩을, 엔트로피 식 ⑭에 대입하면 다음 식을 얻을 수 있다.

$$S = k \log W = k (N\log N - H) = kN \log N - kH \cdots ⑯$$

식 ⑯의 제1항은 상수이고, 엔트로피 S가 증가하면 시간의 함수인 $H(t)$는 반대로 감소하게 된다. n_i의 시간변화를 나타내는 방정식에 의하면 $H(t)$는 시간과 함께 단조감소해서 열평형에서 최소가 된다. 또 열평형에서 n_i은 볼츠만 분포와 일치한다.

이것이 1872년에 얻은 볼츠만의 **H**정리로, 열평형에 도달하는 것을 보증한다. 그 후 이 H정리를 둘러싸고 논쟁이 일어났다. 로슈미트[Johann Loschmidt, 1821~1895]는 역학적인 운동은 가역인데 $H(t)$가 일방적으로 감소하는 것은 이상하다고 주장했다.

이에 대해 볼츠만은 H정리는 확률론 문제이기 때문에 운동 자체가 가역이었어도 계는 '보다 확실한' 운동상태로 변화한다고 대답하며 물러서지 않았다. 그리고 체르멜로[Ernst Zermelo, 1871~1953]는 시간이 충분히 경과하면 위상공간 내의 궤도가 초기상태가 충분한 근처까지 회귀한다는 '푸앵카레의 정리'를 근거로, 열평형에 이르는 불가역과정은 역학적으로 불가능하다고 비판했다.

볼츠만은 초기상태로 돌아갈 확률은 매우 작아서 열평형보다 더 긴 시간이 경과하지 않으면 발생하지 않기 때문에 경험할 수 없다

고 논했다. 단 브라운 운동 같은 비평형상태에서는 불가역과정이었
어도 초기상태로 돌아갈 수도 있기 때문에 체로멜로의 비판을 물리
칠 수 있었다.

시간평균과 위상평균

거시 상태의 물리량을 구하기 위해서는 평균값을 계산해야 한다. 평균을 구하는 방법에는 두 가지가 있다.

평균을 구하는 첫 번째 방법은 시간으로 평균을 내기 때문에 시간평균이라고 한다. 1개의 기체분자에 주목하면 시간변화에 따라 위치와 운동량이 변화하기 때문에 위상공간 내의 궤도를 따라서, 구하고자 하는 물리량의 시간평균을 계산하면 된다. 하지만 분자끼리의 충돌을 고려하면서 다수의 분자에 걸쳐 운동방정식의 해를 계산하는 것은 불가능하다.

평균을 구하는 두 번째 방법은 어떤 순간에 위상공간의 미소구획 각각을 샘플로 해서 평균을 내기 때문에 위상평균이라고 한다. 운동에너지 ε_i을 가지는 분자 수 n_i의 분포를 식 ⑮ 등으로 구하고, 구하고자 하는 물리량의 위상평균을 계산하면 된다. 이 방법으로는 운동방정식을 풀 필요가 없기 때문에 계산이 가능하다.

1884년, 볼츠만은 시간이 충분히 오래 지나면 시간평균이 위상평균과 동일해질 것이라고 예상했다. 이 예상이 옳다면 거시 상태의 물리량인 시간평균을, 위상평균을 계산해서 간접적으로 얻을 수 있게 된다.

볼츠만의 이 예상을 뒷받침하는 시도를 '에르고드 문제'라고 한다. 에르고드란 그리스어로 '일'과 '궤도'를 나타내는 단어를 조합한 조어이다. 에르고드 문제에 관련해서 다음과 같은 에르고드 가설이 세워졌다.

> 시간이 충분히 경과하면 위상공간 내의 궤도는 일정한
> 운동에너지의 미소구획(에르고드면이라고 한다)을 전부 통과
> 하기 때문에 미시 상태는 모두 동일한 확률로 일어난다.

그런데 볼츠만의 사후, 에르고드 가설의 실수가 지적되었다. 위상
공간은 교차하지 않는 궤도나 주기궤도에서는 채울 수가 없었던 것
이다. 앞에서 설명한 바와 같이 1분자의 궤도는 결코 교차하지 않으
므로 에르고드면을 전부 통과하는 것은 불가능하다.

그 후 바코프$^{George Birkhoff, 1884~1944}$는 1930년대에 에르고드 문제
를 지지하는 듯한 조건을 제안했다. 볼츠만은 좀 더 오래 살았어
야 했다.

열역학 제3법칙

1906년 네른스트[Walter Nernst, 1864~1941]는 절대영도에 가까워지면 온도당 열량변화가 0이 된다는 경험법칙을 발표했다. 볼츠만이 사망한 해였다. 플랑크는 이 경험법칙을 엔트로피에 관한 정리로서 다음과 같이 정리했다.

> 엔트로피의 절대영도에서의 극한값(최솟값)은 상수이다.
> 이 상수는 물질에 상관하지 않는 보편적인 값으로 0이라
> 고 가정해도 된다.

이것이 열역학 제3법칙으로, 열역학의 근본을 이루는 사고방식 중 하나이다.

열량변화가 없는 단열과정($\Delta Q = 0$)에서는 식 ①의 엔트로피의 정의식에 의해 $\Delta S = 0$이 된다. 즉 엔트로피가 변화하지 않기 때문에 엔트로피를 0까지 변화시킬 수는 없다. 반면 온도변화가 없는 등온과정($\Delta T = 0$)에서는 원래 온도가 변화하지 않기 때문에 절대영도에 도달할 수 없다. 따라서 이상적인 카르노 사이클을 사용해서도 엔트로피가 0이 되는 절대영도를 실현시키는 것은 불가능하다.

'절대영도'라는 온도는 어디까지나 극한일 뿐 실제로 측정할 수 있는 온도가 아니다. 이미 설명한 엔트로피의 정의나 카르노 사이클의 열효율이 1이 되지 않는 것 등에서 절대영도의 '열원'은 있을 수 없다고 했다. 그것은 열역학 제3법칙에 의해 보증된다.

생물과 '마이너스 엔트로피'

볼츠만은 열역학 문제를 환경이나 생물로까지 확장시켜 생각했다. 열역학 제2법칙에 관한 1886년의 강연에서 볼츠만은 다음과 같이 설명했다.

> 생물의 전쟁은 엔트로피를 위한 전투이다(정확히는 마이너스 엔트로피). 이 엔트로피는 뜨거운 태양에서 차가운 지구로 향하는 에너지의 이동에 의해 자유롭게 사용할 수 있도록 제공된다. 이 이동을 최대한 이용하기 위해서 식물은 헤아릴 수 없을 만큼 잎의 면을 넓게 확대해서, 태양에너지가 지표의 온도 수준으로 내려가기 전에 그 에너지가 화학합성을 수행하도록 강요한다.

플러스 열량 Q를 고온(T_{Sun})인 태양에서 받아 저온(T_{Earth})인 지구로 버릴 때, 식 ①에 의해서 다음과 같은 마이너스 엔트로피 변화가 발생한다.

$$\Delta S = \frac{Q}{T_{sun}} - \frac{Q}{T_{Earth}} = Q \frac{T_{Earth} - T_{sun}}{T_{sun} T_{Earth}} < 0 \quad \cdots ⑰$$

그리고 저온(T_{Plant})의 식물이 열량 Q'를 흡수해서 '화학합성을 수행'할 때 발생하는 엔트로피 변화 $\Delta S'$는 다음 식과 같다.

고 엔트로피를 버린다

그림 11-11 **엔트로피를 내려서 살아간다.**

$$\Delta S' = Q' \frac{T_{\text{Plant}} - T_{\text{sun}}}{T_{\text{sun}} T_{\text{Plant}}} < 0 \qquad \qquad \cdots ⑱$$

즉 식물에 의한 화학합성에 의해서 마이너스 엔트로피가 고정되는 것이다. 식물에 의한 이 '화학합성'이란 광합성을 뜻한다. 광합성은 공기 중이나 땅속에 있는 이산화탄소와 물로 탄수화물과 산소를 합성하는 화학반응이다.

양자역학에 공헌했던 슈뢰딩거는 다시 다음과 같이 서술했다.

생물체가 살아가기 위해서 먹는 것은 마이너스 엔트로피이다. 이것을 조금 더 역설 같지 않게 표현하자면, 물질대사의 본질은 생물체가 살아갈 때 어쩔 수 없이 만들어낼 수밖에 없는 엔트로피를 전부 밖으로 버리는 것에 있다.

그래서 '마이너스 엔트로피'라는 어색한 표현을 가장 좋은 표현으로 바꿔 말하면 '마이너스로 표시된 엔트로피는 생물체가 목표로 하는 질서 있는 상태를 나타낸다'라고 표현할 수 있다. 따라서 생명체가 자신의 신체를 항상 일정한, 상당히 높은 수준의 질서상태(상당히 낮은 엔트로피 수준)로 유지하기 위해서는 그 환경에서 질서, 즉 마이너스 엔트로피를 끊임없이 흡수해야 한다.

흔히 동물이 먹는 이유를 에너지 섭취 때문이라고 생각하는데, 그 이유만은 아니다. 동물은 저엔트로피의 동식물을 먹고 고엔트로피의 배설물을 밖으로 버림으로써 스스로의 엔트로피를 내리면서 살아가는 것이다.

그리고 소화에 의한 음식물의 분해 과정에서 음식물에 있었던 질서가 저하되기 때문에 엔트로피는 일시적으로 증대하지만 동시에 그 분해물을 재이용한 화학합성이 일어난다. 그 새로운 화학합성에 의해서 생체의 단백질이나 지질 등으로 이루어지는 '질서'가 만들어져 다양한 생명활동이 유지된다.

이제 왜 매일 밥을 먹어야 하는지 이해됐을 것이다. 살아간다는 것은 낮은 엔트로피를 계속 유지하는 과정이기도 하다. 또 학습을 통해서 질서있는 지식을 흡수하고 사소한 것을 잊는 것은 뇌의 엔트로피를 내리는 작업인 셈이다. 뇌가 약해지지 않도록 하루하루 독서와 사고를 걸러서는 안 될 것이다.

확률론과 인간

도모나가 신이치로의 《물리학이란 무엇인가》에는 다음과 같이 쓰여 있다.

> 나에게는 볼츠만이 확률론과 역학과의 관계를 명확히 하는 데에만 전념하는 것처럼 보였다. 볼츠만에 의해서 뉴턴역학적인 대상과 그것을 보는 인간 사이에 확률론을 둘 수 있다는 것이 제3장의 결말로 쓰여 있다. 볼츠만의 목표는 거기서 달성되었다고 해도 좋다고, 나는 생각했다.

'거시 상태'란 인간이 존재함으로써 비로소 관측되는 물리량이다. 이것을 각 분자의 역학적인 미시 상태와 대응할 필요가 있다. 그곳에 확률론을 도입한 것은 볼츠만의 통찰력이었다. 확률론이 아니었다면 열역학을 분자운동론에 귀착시킬 수 없었을 것이기 때문이다.

> 자연을 보는 인간을 그곳에 개입시키는 것이 물리의 객관성을 등지는 것이라고 할 수는 없을 것이다. 오히려 인간을 등장시켜 역학의 입장에서 자연을 목격하게 할 가능성이, 역학법칙 안에 분명 준비되어 있었던 것이라고 나는 말하고 싶다.

인간에게 불을 가져다준 신은 인간을 창조한 프로메테우스였다. 불이 없었다면 열량을 자유롭게 일로 바꿀 수는 없었을 것이다. 카르노, 클라우지우스, 그리고 볼츠만은 프로메테우스의 화신이었는지도 모른다.

찾아보기